压力管理
——保持健康的方法

Stress Management—A Wellness Approach

原 著 Nanette E. Tummers
译 者 李榴柏 王 嘉 杨菁菁

北京大学医学出版社

YALI GUANLI——BAOCHI JIANKANG DE FANGFA

图书在版编目（CIP）数据

压力管理：保持健康的方法 /（美）南妮特·图莫斯（Nanette E. Tummers）原著；李榴柏，王嘉，杨菁菁译 . —北京：北京大学医学出版社，2023.9
书名原文：Stress Management：A Wellness Approach
ISBN 978-7-5659-2809-3

Ⅰ. ①压… Ⅱ. ①南… ②李… ③王… ④杨… Ⅲ. ①心理压力-心理调节 Ⅳ. ① B842.65

中国国家版本馆 CIP 数据核字（2023）第 006086 号

北京市版权局著作权合同登记号：图字：01-2019-2804

Stress Management：A Wellness Approach
Nanette E. Tummers
ISBN-13: 978-1-4504-3166-8

Copyright © 2013 by Nanette Tummers

All rights reserved. Except for use in a review, the reproduction or utilization of this work in any form or by any electronic, mechanical, or other means, now known or hereafter invented, including xerography, photocopying, and recording, and in any information storage and retrieval system, is forbidden without the written permission of the publisher.

Simplified Chinese translation copyright © 2023 by Peking University Medical Press.
All rights reserved.

压力管理——保持健康的方法

译　　者：李榴柏　王　嘉　杨菁菁
出版发行：北京大学医学出版社
地　　址：（100191）北京市海淀区学院路 38 号　北京大学医学部院内
电　　话：发行部 010-82802230；图书邮购 010-82802495
网　　址：http://www.pumpress.com.cn
E-mail：booksale@bjmu.edu.cn
印　　刷：中煤（北京）印务有限公司
经　　销：新华书店
责任编辑：董采萱　　责任校对：靳新强　　责任印制：李　啸
开　　本：889 mm×1194 mm　1/16　印张：12.5　字数：330 千字
版　　次：2023 年 9 月第 1 版　2023 年 9 月第 1 次印刷
书　　号：ISBN 978-7-5659-2809-3
定　　价：68.00 元
版权所有，违者必究
（凡属质量问题请与本社发行部联系退换）

译者前言

　　身心健康关乎每个人的幸福。现代社会，人们的压力不断增加。虽然一定程度的压力对学习和工作有利，但长期过大的压力会对健康产生负面影响，严重时会导致焦虑、抑郁等健康问题。这些问题轻则影响日常生活和工作，严重时会造成各种精神疾病。了解压力，掌握一些积极向上的、科学有效的压力管理方法，是现代社会个人健康管理所必不可少的技能。人们对自身压力的控制和管理是其身心健康发展的重要组成部分，是让人们远离心理疾病、保持健康心态、对压力事件做出正确反应的一种能力。一个人应对压力的能力强，说明他的压力管理能力强。我们常常看到，虽然承受同样的压力，有些人依然能够保持乐观的心态。这是因为，他们总能利用自己的优势和一些方法来缓解压力，从而使自己变得快乐、健康起来！

　　美国体育与健康教授 Nanette E. Tummers 博士撰写的《压力管理——保持健康的方法》一书，是针对人们在日常生活和学习、工作中遇到的压力进行调节、管理的参考书和实践指导教材。它以大学生压力管理课的实践活动为实证基础，为广大读者提供了科学、有效、健康的压力管理方法。

　　健康包括六个维度：身体健康、情绪健康、智力健康、社会健康、灵性健康和环境健康。本书从这六个维度，分别向读者介绍了如何运用科学、有效的压力管理方法来调节、管理各种不良情绪和压力，并辅以各种实践活动和练习。这是本书的独特之处。

　　本书共分 7 章，第 1 章重点介绍了压力的定义、种类及其病理、生理基础知识，并详细列出了人们在压力或应激反应下身体、情绪、智力、社会、灵性和环境所产生的各种不良表现，同时对压力管理的模式及其文化价值进行了深入的探索。从第 2 章开始到第 7 章，分别从六个维度介绍了不同的压力管理方法。各章详细阐述了这些方法的作用和效果，并提供了许多与之相关的压力管理活动，以及手把手的练习和实践。此外，各章节还提供了一些相关的网络资源、重要的研究结果、相关的公益组织和机构的信息。每章的最后都做了总结。

　　本书通俗易懂、操作性强，适用于各年龄层次人群（尤其是初入职场的年轻人）的自我压力管理。同时，本书也适合作为大学生心理健康课程的辅助教材使用。读者在阅读此书时，要认真地跟着书中的游戏或练习去做，它会带你从不良的情绪状态和压力状态中走出来。本书无论是对传染病大流行时期和灾害等突发事件发生时公众心理健康问题的应对，还是对未来的个人健康管理，都将发挥积极的作用。

李榴柏　王　嘉　杨菁菁

原著前言

压力在当今的世界里无处不在。在巨大的经济竞争中，科技的飞速发展导致信息和通讯骤增，压力很容易影响我们的健康和幸福感。我们可以选择成为受害者，或者假定整日承受着压力是生活中不可避免的情况，但重要的研究表明，实际情况不是这样的。有些人能利用他们的优势，以积极的方式去管理压力。我们可以向这样的人学习，对自己的健康负责。

这本书是日常压力管理的一本参考书和操作性的实践指导。这是一本学术教科书，它使用以实证为基础的研究对提供的信息和方法给予支持。本书的目的不是对所有的压力管理方法进行文献综述，而是提供实用的、学生们亲身测试过的方法去探索、实践，并使其成为日常生活的一部分。

本教材首先描述了当你处于压力下时，你的健康会发生什么变化，以帮助你认识到将压力管理作为你生活方式一部分的重要性，这是你每天或大部分时间里都要做的事情。然后，测查健康的各个方面与压力导致的不良影响的关系。健康包括多个维度，涵盖身体、情绪、智力、社会、灵性和环境等多个方面。因为健康的这些方面是互相影响的，一个方面产生的微小变化会影响其他方面。例如，因锻炼而产生的身体健康的变化会"渗透"或影响你的情绪健康，使你感到不那么焦虑，从而改善你的心情。

我建议，课程结束后，你依然要坚持按照这本书的内容练习。与许多其他健康行为一样，必须养成对压力进行管理的习惯！其中一些方法可能现在对你很有吸引力，而另外一些则会在你以后的工作、为人父母、创办公司，或者退休生活中产生共鸣。在人的一生中，成长和变化是必然的，不断地改变、调整和学习新的压力管理方法是以一种健康和积极的方式应对这些变化的办法。

书中提到的许多以实证为基础的科学研究都是在大学生中进行的。本书介绍的压力管理技能以体验学习为基础，并在大学生中进行了测试，他们提出了改进的建议。某些章节是以讨论问题的形式呈现的。

祝贺你已经向健康和幸福的最佳状态迈出了第一步。在课堂上，老师会要求你按顺序浏览各章节，但是，你也可以按照自己的喜好去翻阅想要看的章节。如果有哪个方法吸引了你，而你又想去试一试的话，尽管去做！祝你顺利。

Nanette Tummers
东康涅狄格州立大学健康教育系教授
威利曼蒂克（Willimantic），康涅狄格州

感　　谢

　　衷心感谢 Human Kinetics 出版社的专家 Gayle Kassing、Cheri Scott 及 Anne Rumery；同时，也特别感谢 Ragen Sanner。如果没有他们的帮助和付出，我不会编写出版这本书。

本书献给我最好的朋友
Leslie Clark。感谢你的鼓励！

目 录

第 1 章 **介绍压力和压力管理** ·· 1

快乐与健康 4・良性压力与不良压力 6・压力的定义 8・
压力以及走向成年期的人生阶段 9・
对应激反应的理解：战斗或逃跑 10・
应激反应或应对压力时发生的事情 11・
恐怖影片、过山车和双黑道滑雪 14・
压力的病理生理学 15・身心健康：心理神经免疫学 17・
以优势为基础的方法 19・日记 25・总结 28

第 2 章 **身体健康** ·· 29

针灸与穴位按摩 30・自生疗法 31・生物反馈 34・
呼吸 34・健康的饮食 41・吸烟 52・性健康 53・
按摩治疗和治疗性抚触 54・身体活动 56・放松 59・
睡眠 64・气功和太极 66・瑜伽 68・总结 73

第 3 章 **情绪健康** ·· 75

幸福 79・欢笑 82・艺术治疗 83・处理负面情绪 85・
防御机制 91・总结 92

第 4 章 **智力健康** ·· 93

正念 95・冥想 101・改变扭曲的想法、重新组织或辩论 104・
肯定 111・制定目标和解决问题 114・
时间管理 = 自我管理 118・创造性想象 121・总结 131

第 5 章 **社会健康** ·· 133

亲密的伴侣关系 138・人际交流 139・解决矛盾 143・
性别差异 144・动物辅助性活动 146・总结 146

第 6 章　灵性健康 147

压力管理和灵性修炼 150・利他主义 150・宽恕 151・感恩 153・
其他灵性健康练习 154・总结 157

第 7 章　环境健康 159

科技 160・光线 162・温度 164・空气质量 164・颜色 165・
工效学 166・噪声 166・声音 166・自然环境 167・总结 171

后记 173

附录：工作表 175

参考文献和资料 181

关于原著作者 187

压力管理活动清单

(*) 这个图标表示附录里有一张附带的工作表。

活动	页码	概念
第 1 章　介绍压力和压力管理		
探索价值观	26	日记
千里之行始于足下 (*)	26	日记
生活方式和减压	27	日记
对压力及其管理的文化探索	27	日记
对压力及其管理的意识	27	日记
重大的生活变化	27	日记
让我全情投入的事情	28	日记
培养意志力	28	日记
优势整合	28	活动整合
第 2 章　身体健康		
利用正能量	31	针灸与穴位按摩
自生疗法的基础	32	自生疗法
集中于呼吸的快速自生疗法	32	自生疗法
用想象来增强自生疗法	33	自生疗法
数到 10	36	呼吸
放开式呼吸	36	呼吸
打开喉咙	37	呼吸
在呼吸练习的同时祷告	37	呼吸
全身呼吸	38	呼吸
花 3 分钟	39	呼吸
唤醒式呼吸	39	呼吸
三角式呼吸	40	呼吸
鼻孔交替式呼吸	40	呼吸
记录饮食日志	51	健康的饮食
自我按摩	55	按摩治疗和治疗性抚触
使用网球	56	按摩治疗和治疗性抚触
保证定期的身体活动	58	身体活动

续表

活动	页码	概念
身体活动日志 ✱	58	身体活动
放松的姿势	60	放松
身体扫描	61	放松
渐进式肌肉放松法	61	放松
放松的象征物	63	放松
睡眠日志 ✱	65	睡眠
钻石式呼吸	66	气功和太极
能量游戏	67	气功和太极
眼镜蛇式	69	瑜伽
战士一式	70	瑜伽
树式	70	瑜伽
下犬式	71	瑜伽
扭转式坐姿	72	瑜伽
婴儿式	73	瑜伽
第 3 章　情绪健康		
榜样的情感力量	77	情绪健康
放在心上	78	情绪健康
按下暂停键	79	情绪健康
我的幸福计划	81	幸福
播种快乐的种子	82	幸福
保存幽默作品集	83	欢笑
人格与压力管理小组活动	86	应对不同人格类型
愤怒情境的自我评估	87	处理负面情绪：愤怒
不良情绪箱	89	处理负面情绪：内疚、担心、焦虑
应对恐惧	90	处理负面情绪：恐惧
处理悲伤	91	处理负面情绪：悲伤、难过
防御机制侦探日志	92	防御机制
第 4 章　智力健康		
专注呼吸的提示	97	正念
行走冥想	97	正念
户外行走冥想	98	正念
以正念为基础的冥想	98	正念
吃葡萄干	99	正念
内心的时钟	100	正念
选择祷告词	103	冥想
记录一段痛苦的想法并重新规划	107	改变扭曲的想法、重新组织或辩论
停止消极的自我对话：停止、放下，深呼吸	108	改变扭曲的想法、重新组织或辩论
观察自我对话	108	改变扭曲的想法、重新组织或辩论

续表

活动	页码	概念
如果……，将会怎样	109	改变扭曲的想法、重新组织或辩论
改变你的生活，改变你的想法	109	改变扭曲的想法、重新组织或辩论
转移控制点	110	改变扭曲的想法、重新组织或辩论
使用"思维停止"的步骤	110	改变扭曲的想法、重新组织或辩论
写下肯定的话语	112	肯定
我可以选择	113	肯定
肯定的价值	113	肯定
设置实现目标活动的步骤	115	制定目标和解决问题
为何我没能实现既定目标	115	制定目标和解决问题
资金管理：我把钱都花在什么地方了	116	制定目标和解决问题
创造性地解决问题	117	制定目标和解决问题
管理你的时间安排	120	时间管理＝自我管理
为明天做计划	120	时间管理＝自我管理
绘图	124	创造性想象
阶梯	124	创造性想象
当我年轻时	125	创造性想象
抱怨并继续前行	125	创造性想象
数到 5	126	创造性想象
蓝图	126	创造性想象
使用压力球消除压力	127	创造性想象
使用暗喻	127	创造性想象
智者	128	创造性想象
泡泡式思考	128	创造性想象
点燃蜡烛	129	创造性想象
努力成为运动员	129	创造性想象
光束	130	创造性想象
编写自己的剧本	130	创造性想象
第 5 章　社会健康		
如何让自己成为更好的朋友	137	社会健康
有关社会支持资源的日记	137	社会健康
关于加强你自己的社会支持体系的日记	138	社会健康
练习积极地倾听	141	人际交流
我生活中的自主性沟通日志 ✱	142	人际交流
化解矛盾	143	解决矛盾
男性和女性如何以不同的方式来管理他们的良性压力和不良压力	145	性别差异
第 6 章　灵性健康		
写一封宽恕信	152	宽恕
宽恕冥想	152	宽恕

续表

活动	页码	概念
写一封感谢信	153	感恩
写感恩日记	154	感恩
寻找生活中美好的事物	155	其他灵性健康练习
人生箴言	155	其他灵性健康练习
仁慈冥想	155	其他灵性健康练习
设定灵性健康的目标	157	其他灵性健康练习
第 7 章　环境健康		
不插电挑战	161	科技
使用香熏疗法进行压力管理	165	空气质量
用音乐或声音来放松	167	声音
创建一个特别的场所	169	自然环境
大自然的色彩	170	自然环境
环境改造	170	环境健康
后记		
焦虑日志 ✱	174	用身体、情绪和智力认知来处理焦虑

第 1 章

介绍压力和压力管理

你的时间是有限的，所以别浪费时间过别人的生活。不要被教条所束缚——那是活在别人的想法里。不要让别人的观点淹没你内心的声音。最重要的是，要有勇气追随自己的内心和直觉。在某种程度上，它们已经知道你真正想成为什么样的人。其他一切都是次要的。

2005年史蒂夫·乔布斯在斯坦福大学毕业典礼上的演讲

也许从未有人教过你如何以一种积极和关爱的方式去关心自己。高等教育课程中通常不教放松和专注的技能，但是，这些技能对你目前的学习、保持健康和快乐以及你未来的生活极其重要。因此，本教材显得非常重要。

了解压力以及学习压力管理方法的目的并不是去消除你生活中的压力，这是不可能做到的。压力是对变化的一种自然反应，而变化是不可避免的。你生活中有一定的压力是正常的。然而，过多的烦扰、责任、日常压力、担心、焦虑和愤怒所造成的压力累积会威胁我们的健康和幸福。

应对压力的第一步是要了解让你产生压力的事件，以及你的身体对压力的反应程度。我们中的许多人已经成为让自己麻木或忽视身体信号的能手。你必须要问自己这样的问题："我是否准备好去承担关注自身压力的责任了？"以及"压力是如何出现在我生活中的？"及时采取行动将会提高你的生活质量。下面是有关健康各个方面的常见压力症状表：

压力的身体症状

- 头痛和偏头痛
- 肌肉紧张
- 食欲不佳
- 渴望进食
- 消化不良，或胀气、胃酸反流、胃痛
- 不想动
- 易于发生事故
- 体重增加
- 体重下降
- 呼吸短促
- 感到沮丧
- 睡眠过多
- 难以入睡或持续安静的睡眠
- 血压升高
- 双手发凉

- 胸痛
- 缺乏性欲
- 紧张不安
- 腹泻
- 便秘
- 心跳加快
- 严重的经前综合征
- 嗜睡
- 做令人不安的梦或噩梦
- 新的疼痛或病痛
- 总是感冒
- 饮食过量
- 压力性进食
- 下颌疼痛或磨牙

压力的情绪症状

- 反复琢磨或重复压力性记忆
- 情感防御
- 偏执
- 记忆困难
- 失去知觉或无法找回信息
- 不会笑或体会到情境中的幽默
- 不明原因地哭泣
- 声调改变
- 性情急躁
- 思维快速
- 持续消极的自我对话
- 抑郁
- 坏心情
- 情感麻木

压力的智力症状

- 考试焦虑
- 公众演讲焦虑
- 难以集中注意力
- 无法妥善安排事情
- 拖延症
- 道歉、自责
- 发呆，无法集中注意力
- 缺乏动力
- 想法荒谬

压力的社交症状

- 害羞
- 攻击性
- 话少
- 施暴或猛烈抨击
- 感觉孤独或孤单
- 寻求孤独，不想出去
- 被动
- 难以听懂谈话
- 性需求下降
- 没有组织能力
- 困惑
- 健忘
- 悲观
- 利用他人

压力的精神症状

- 感觉无望或无助
- 感觉力不从心
- 对未来缺乏远见
- 对平时喜欢做的事情缺乏兴趣
- 集中于外在的满足（例如赌博、色情描写）
- 没有独处的时间

压力的环境症状

- 季节性情绪失调
- 听力缺失
- 眼疲劳、头痛、背痛、腕管综合征
- 哮喘和呼吸系统问题
- 生活环境无序、混乱、不安全或不健康
- 过度消费、欠债

你可以通过浏览美国压力研究所（American Institute of Stress，AIS）的网站了解更多有关压力症状的信息。AIS 是一个专门报道压力的影响、减压方法以及其他各种与压力相关主题的非营利性组织，网址：www.stress.org。

快乐与健康

人们通常从健康的对立面（没有疾病）来考虑健康——我们感觉"健康"，是因为我们没有发烧或胃痛这些不健康的症状。本书在谈到诸如吸烟或营养不良这些不健康或疾病的危险因素或症状时，就会用到"健康"这个词（见下文西方医学对风险模式的描述）。健康关注的是我们能做什么来提高我们的整体健康水平和优化我们的日常生活，本书的重点就是介绍这种以健康优势为基础的方法。也就是说集中于保护性因素——那些我们每天都会做的保护和促进健康的事情，比如寻找支持我们的朋友或参加体育活动。

这种以健康优势为基础的模式将整个人的健康概念化，从而更好地理解压力及其管理。我们将使用这个模式，在健康的6个方面即身体、情感、智力、社会、精神和环境的最佳功能背景下审视压力。

健康模式中的一个重要概念是健康各方面之间的相互关系（图1.1）。为了充分地理解压力及其管理，我们需要解决这些方面的所有问题。

西方社会的大多数人主要关注压力的身体症状，而没有深究其原因。比如因失去亲人或经历了社会的孤立而悲伤。为了获得最佳的幸福感，你应该调查在每个健康维度上你要经历多少压力，并尽量多使用以健康为基础的压力管理方法。西方的方法或医学模式关注疾病，并主要通过药物和手术来解决这些问题。用这种方法来解决压力问题就是服药，药物可以暂时缓解压力带来的症状，但不能从根本上解除压力。换句话说就是，问题没有得到解决。

压力及其管理领域的研究人员通常运用A导致B的线性医疗模式来分析问题。他们通过提出下面这样的问题来推测为什么身体活动是一个成功的压力管理方法：是由于在和朋友们一起打篮球时体验到了社会支持？或是由于身体释放内啡肽让人感觉更好？还是因为完成了10公里跑的目标而感到满足，致使心情大好？抑或是由于大脑血液的含氧量增加？实际上，身体活动有益于压力管理的原因不能仅归结于一种理论。

西医风险模式的重点

- 血压
- 心率
- 体成分
- 血脂水平
- 胰岛素敏感性
- 睡眠时间
- 锻炼程度
- 吸烟
- 饮酒
- 营养摄入量：钠、膳食纤维、脂肪、糖
- 饮水量
- 处方和非处方药及补充剂摄入量
- 药物滥用：非法用药，处方药，非处方药
- 疼痛管理
- 主要关节的活动（灵活性）范围
- 核心力量：腹肌和背肌

以健康优势为基础的模式的重点

- 令人愉快的身体活动
- 积极的生活方式
- 包括共情在内的情商
- 冥想或祷告
- 运用放松技能
- 有意义的工作或志愿服务
- 乐观、快乐
- 社会支持
- 与他人的联系
- 精神层面的表达
- 参与环保（例如绿色活动）
- 户外活动
- 适量食用健康食品
- 安静的独处时间
- 宁静的恢复性睡眠
- 积极的自我对话
- 智力活动
- 正念
- 幽默感
- 对时间和财务负责任的自我管理
- 对饮酒和其他物质滥用以及性活动负责任的自我管理
- 健康的体重管理

最常见的处方药（抗抑郁药、抗焦虑药、安眠药以及治疗血压和胃肠道疾病的药物等）仅治疗症状，但解决不了根本问题，而这些症状往往是一些应激反应。为此，我们必须开发自己的压力管理工具箱。我们可以让压力控制我们，但

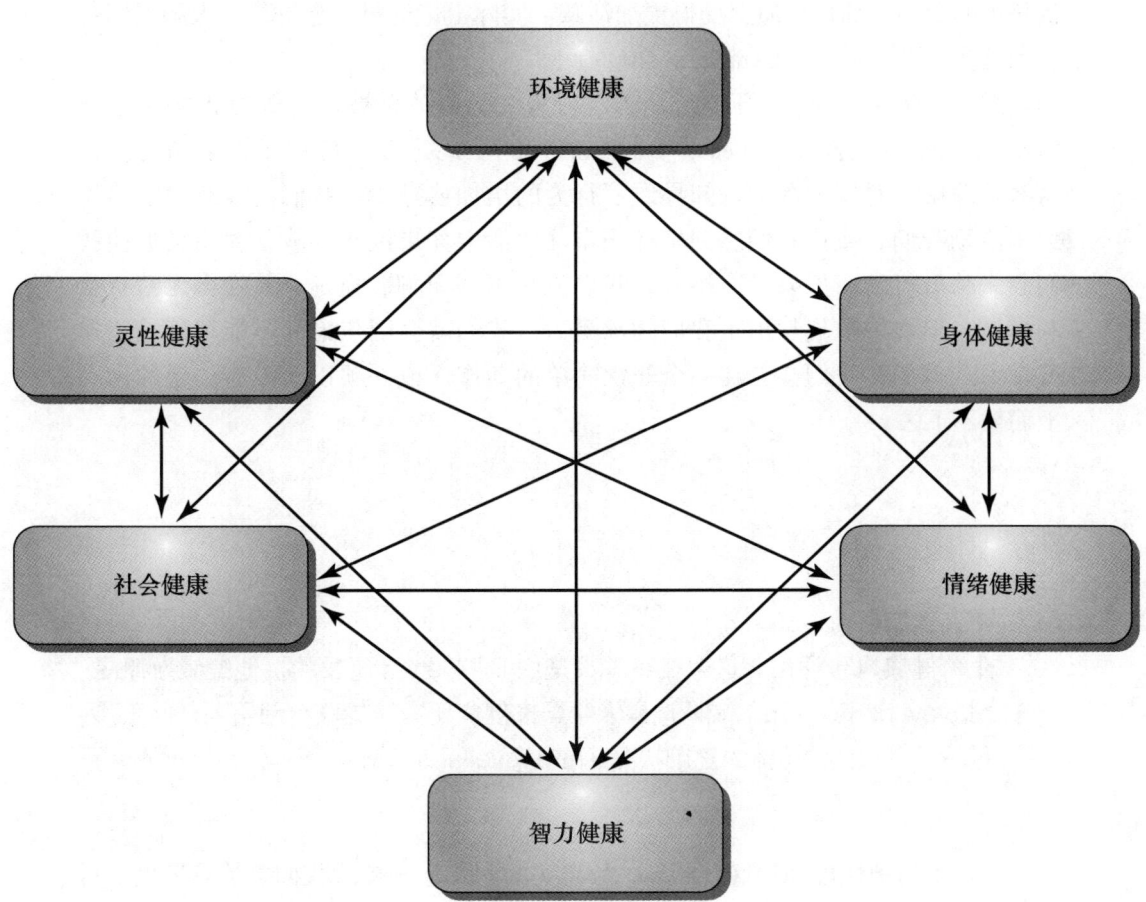

图 1.1　压力管理和健康模式

我们也可以使用一些方法来管理压力。

这里"控制点"这个概念很有帮助。当我们受外控点控制时，情境或他人会决定我们如何对压力做出反应；我们会把自己对问题的责任推卸到自身之外的事情上，以使我们感觉更好。但这会产生一种无助或无望的态度。而当我们受内控点控制时，我们就能控制自己的行为，并对我们的反应负责。

良性压力与不良压力

好的、积极的压力称为良性压力。这种压力能推动我们做出改变，以便我们迎接生活中的各种挑战。例如，考试是一种压力，但通过尽情地游戏，或享受解答数学方程式所带来的快乐，我们能自如地应对这种良性压力。正如你将要在本章中学到的那样，要想在游戏中尽兴并做出令人惊奇的事情，关键是要以一种积极的眼光来看待挑战。相反，当我们把压力看作坏事时，就会将其称为不幸或痛苦。作为对痛苦的一种反应，我们会变得心烦意乱、情绪失控、发疯。当发生这种情况时，我们没有使用大脑前额皮质区域的高级思维部位——我们的逻辑和创造力所在的部位。研究显示，在冥想过程中（一种压力管理方法），与快乐和幸福相关的大脑左前额皮质会变得更加活跃。实际上，通过冥想进行的大脑锻炼会使大脑变得更加强大（Lazar et al.,2005）！

图 1.2 所示的良性压力或痛苦与行为之间的关系被称为倒 U 形关系，或 Yerkes-Dodson 定律（Yerkes & Dodson,1908）。此定律可应用于许多情况，在这些情况中，对压力源的认知导致了行为的增加或减少。我们需要有一定的压力来激励我们，或让我们感到精神振奋。生活中如果没有挑战，就不会迫使我们起来采取行动。如果没有挑战，我们就会感到无聊、拖延，并变得无精打采和懒散。但如果挑战超出了我们的承受力，我们就会因焦虑而不能很好地工作或学习。例如，我们会卡在一个非常简单的动作上或一项以前没有出错的运动上而做不下去。

> **@ 网络链接**
>
> **个人健康评估**
> 生命健康风险评估。这个在线工具是由 Bill Hettler 研发的，他是威斯康星州 Stevens Point 市的威斯康星大学国家健康研究所的联合创始人，此工具可用于日常评价个体的健康状况。http://wellness.uwsp.edu/other/lifescan

我们不妨把忧虑和烦恼看成是一位忠实的朋友——提醒我们事情有哪里不对头，并鼓励我们及时去解决问题。感觉到某些事情"不对"是身体和心理为了迎

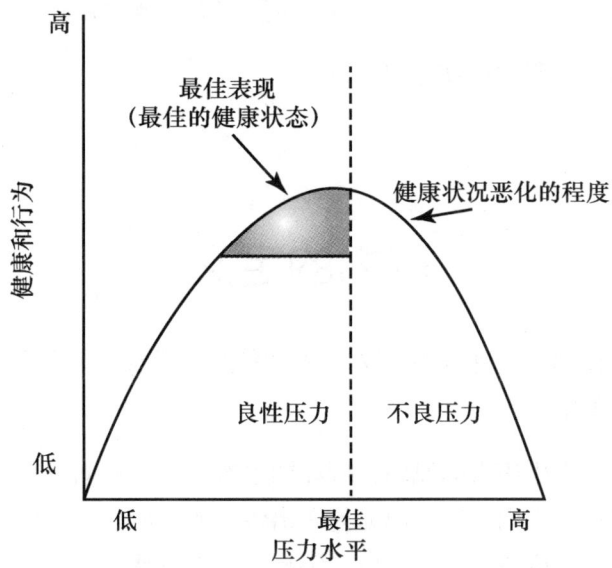

图 1.2　倒 U 形关系或 Yerkes-Dodson 定律

接挑战而做的保护性准备。

当我们说到压力时，一般想到的是烦恼，或是不那么好的感觉。实际上，压力是一种反应而并非一种躯体威胁，它是对我们的自我意识或是自我感觉的威胁。例如，当我们不得不在公共场合发言或参加考试，或是受到非礼时，我们会感到自我受到了威胁——所有这些都是对我们自我认知的威胁。我们本能地对这一威胁做出反应，却没有对情况进行全面考虑。这里我们使用了大脑中被称为边缘系统的较低层次的应急部位，它与情绪密切相关，而对爬行动物来说，其大脑最低层次部位只负责生存的本能。

大脑边缘系统中被称为杏仁核的那部分位于脑干。它的作用是调节情绪：产生并储存情绪，以及将情绪与情景联系起来。在压力状态下，杏仁核可以快速操控思考，并让情绪处于支配地位而凌驾于事实之上。为了避免这种情况的发生，我们需要在杏仁核控制之前的那一瞬间做出有意识的、深思熟虑的选择。在旧金山湾区那些服务水平低的学校中工作的 Amy Saltzman（n.d.）把这一瞬间叫做"巅峰时刻"。在压力管理中，我们要练习在这个紧要关头停下来，从情绪模式转换到更好的思考模式。在压力管理中，我们要对执拗的想法和感受做出反应，而不是在这些想法和情绪控制我们时才采取行动。

许多东方哲学主张找到最佳行为和健康状态的中间道路。它指的是付出足够的努力去迎接挑战的"最佳状态"。这不免让人想起了金发姑娘的寓言：当我们承担太多时，就会感到沮丧；当我们承担太少时，就会变得无聊且缺乏动力。本书将帮助你去发现那条中间道路。

可以把压力管理视为我们为自我意识、能量、人际关系、健康以及安全设定了界限。本书的目的是描述如何保持健康的界限，增加保护性因素，并减少不健康的应对行为，因为这些行为会让你处于健康风险中。

> 应对压力的最重要的器官是大脑！

压力的定义

当今社会所使用的几种压力定义，其内容含糊不清。为了表达清楚，本书将从始至终使用如下定义：

- 压力源——产生压力的原因，例如期末考试、工作面试、人际关系。
- 应激反应——人们对压力源如何做出各自的反应。
- 压力症状——应激反应对身体的影响，例如头痛、胃部不适。

下面是与压力相关的其他重要术语：

- 应变稳态——身体在变化中保持平稳的目标状态（McEwen & Lasley，2002）。
- 适应负荷——指应激反应带来的身体负担，由持续的生理、情感、智力、社会、精神或环境压力所致。当应激反应一直得不到缓解时，机体各系统的损耗将使身体很难修复并抵御疾病，进而会产生疾病（McEwen & Lasley，2002）。
- 急性应激反应——对压力源的即时反应。当压力源消失时，应激反应就没有了。
- 可忍受的压力——一种可以使我们回归平衡或应变稳态的压力水平，不需要过多的健康成本。
- 不良应激反应——由于持续不断的慢性、无法缓解的压力，身体一直处于应激反应中，进而带来有害的健康影响。
- 交感神经系统激活作用——战斗或逃跑反应，是身体为了生存并保护自身免受伤害而对威胁做出的反应。这个分解代谢系统将复杂的营养物质分解成身体容易使用的简单形式。
- 副交感神经系统激活作用——在战斗或逃跑反应结束后，迷走神经的刺激使身体回到应变稳态或平衡状态。这个合成代谢系统因其具有建立抵抗力和恢复储备的能力，也被称为"休养生息"系统。

人们一直感觉难以界定和研究压力。这不仅是因为它的定义纷杂，也因为存在各种压力影响机制和影响程度的理论。有关个体如何应对压力的理论不仅从遗传学上，而且也从社会和文化角度进行了阐述。例如，我们会从父母那里继承对压力做出强烈反应的倾向（天性），但是，我们在家庭和文化中接受的如何去管理压力的教育会影响这种遗传倾向性的表达（培养）。另一种理论解释了重大生活压力事件是如何引起应激反应的。本书聚焦于以健康优势为基础的压力管理方法。

压力以及走向成年期的人生阶段

人生的各个阶段都是人们要经历的关键时期。每一个人生阶段里都有人们需要经历并由此成长的各种挑战。例如，青少年阶段是个体开始产生自主意识，并挑战其父母想法的阶段。成年早期的人生阶段有独特的挑战，这些挑战可能是一些重大压力的来源。

大学生面临的压力源

- 有关未来职业的专业知识和决策：专业选择、课程、工作量、截止日期和时间管理
- 学业困难，比如学习和应试能力差；学习障碍，比如阅读障碍和注意障碍
- 对经济的关注：获得奖学金、贷款、制定预算
- 工作：半工半读
- 社会关系和亲密的伴侣关系
- 歧视
- 未来在社会、职业中的角色
- 对世界状况的担忧：恐怖活动、政治、经济、劳动力
- 独立性、自我责任以及自主权：家长过多的参与，室友的问题，离开家庭独自生活
- 心理问题，比如抑郁、焦虑、成瘾行为和进食障碍等
- 性别认同和性取向、性问题
- 体像意识
- 乘坐公共交通工具上下班和住在家里
- 缺少独处和安静的时间
- 技术问题，比如手机丢失或电脑死机等
- 24小时待命，不断查看手机，以免错过重要的事情
- 利用闲暇时间：在休息和工作之间寻找平衡
- 生活方式问题：睡眠不足、聚会、身体不活动、营养不良、吸烟、酗酒
- 拖延工作或学习，缺乏学习动力，冷漠

美国心理学协会的一篇题为"美国的压力：我们的健康危机"（American Psychological Association，2012）的文章显示，被称为千禧一代的18~32岁的人们报告了下面这些压力来源：

- 金钱（80%）

适应成年期的责任和压力可能会让许多人感到紧张。

- 工作（72%）
- 房价（49%）
- 经济（54%）
- 由于过去一个月的压力而紧张或焦虑（45%）

几乎60%的回答者都认为压力管理很重要，但只有32%的人认为自己很擅长或极为擅长处理压力。从这些统计资料看，很多人都生活在压力之中，需要很好地管理来自各方面的压力。因此，可以说本书是一本有用的教科书！

根据美国心理学协会（未公开）的报道，焦虑和情绪低落的现象经常同时发生在大学生中。然而，在抑郁症中，这些症状往往比抑郁感觉持续的时间更长。抑郁症的症状包括：对以前喜欢的活动或日常活动缺乏兴趣和乐趣，体重变化显著，睡眠失调（包括失眠症、嗜睡症、昏睡），难以集中注意力，感觉无望、无助或自我价值感低，以及一直有死亡或自杀的想法。如果你现在出现上述症状中的一种或全部，你都应该去看心理医生。而且，应敦促有这些症状的朋友去看心理医生。注意了解你们校园里的心理健康和咨询资源。

对应激反应的理解：战斗或逃跑

我们的基因里具有已经运行了数千年的生存机制，这就是人们感觉受到威胁后的自然反应。它会驱使机体进入战斗或逃跑的决断状态，以应对这种生死攸关的重大事件。这种反应使我们的基因免受伤害。当我们的祖先面临危险——受到敌人的攻击或即将成为他人的猎物时，他们就会做出战斗或逃跑的选择。威胁过后，他们就会好好地睡一觉，给身体补充能量，并恢复到稳定的应变状态中。

但问题是进化赶不上现代社会这种超速变化的技术时代所带来的特有的压力源。今天，我们面对的大多数压力源都是内源性的；也就是说，它们是对我们自我意识的一种威胁。我们所处的世界充满了压力和不确定性。虽然我们可能不会直接接触到压力事件，但每当我们看电视或在平板电脑上阅读新闻时，仍然会感受到信息过载的后果。战斗或逃跑的反应对此没什么大的帮助，因为我们无法逃避这种三角测试；我们必须坐下来，慢慢地熬过这段挫折。如果有人给我们施加压力，我们不能在背后踢他。

最初的压力研究者之一 Hans Selye 在 1970 年调查研究了压力对老鼠的影响。他在实验室里观察到，处于长期压力下的老鼠患上了胃溃疡、肾上腺炎症，并且免疫细胞受到抑制。Selye 还发现了动物们遵循的模式。对压力源的反应激起了它们的战斗或逃跑行为，他称之为警报阶段。如果压力源继续出现，那么动物就会采取实际行动来抵抗压力源，Selye 称之为抵抗阶段。但是老鼠的抵抗力是有限的，最终，老鼠陷入了精力衰竭阶段。那些得不到休息和恢复的老鼠就死了。在期末考试期间，学生们可能觉得熬夜学习会更有效（即抵抗压力源），但他们实际得到的是疲劳之后的有害影响，比如生病等。这被称为适应负荷，但这会造成身体消耗，是人体长期暴露在压力之下的结果（McEwen, 2005）。

当身体处于战斗或逃跑模式，或应激状态时，主要考虑的是身体的即时需求。血液从消化和生殖系统中流出，被释放到肌肉里。这时，免疫、消化和生殖系统的需求处于次要地位。如果压力持续很长一段时间的话（即不良应激反应），这些系统就会陷于危险之中。例如，白细胞和其他免疫细胞的生成减少，并可能会发生消化系统疾病，以及像经前期综合征、潮热和阳痿这样的性健康问题。

应激反应或应对压力时发生的事情

人体使用的化学递质是由被称作神经肽的蛋白质组成的。尽管这个系统受大脑的调控，但是身体的其他部分，如免疫系统或消化系统，也可以释放调控信息。我们的身体对躯体威胁和自我认知的威胁都会做出反应。试想一下，在一段关系破裂之后，那条不断重复出现的、令人讨厌的信息就是很好的例证。我们的身体不断地排除这些信使，一遍又一遍地进行同样的反应。

下面是一些即时的应激反应：

- 心率、呼吸频率加快以及血压上升会将富含氧气和营养的血液输送到运动中的肌肉内，以采取行动对抗威胁。
- 向血液中释放肾上腺素、去甲肾上腺素、皮质醇等应激激素。
- 肝脏释放糖原，转换成葡萄糖，为战斗或逃跑行动提供能量。
- 瞳孔放大以便看得更清楚。
- 肺通过增加的呼吸而吸收了更多的氧气。
- 肌肉紧张是为肌肉收缩做准备，而肌肉收缩是由释放到血液中的葡萄糖推动的。

- 流向大肌肉的血流增加；与此同时，流向消化和生殖器官以及周围器官（手和脚）的血流减少。
- 汗液增加，从而在新陈代谢加快的同时使身体降温。
- 血液变稠以促进凝血，这样任何伤口都不会大量流血。
- 一旦受伤或感染，免疫细胞就会激活。
- 毛发直立使人看上去更加高大或危险。

一旦解除危险或威胁，身体马上恢复平衡状态，回到应变稳态。但是，如果战斗或逃跑反应在没有生命威胁的压力源反应中继续的话，会发生什么情况呢？在这种情况下，身体就像手机电池一样开始衰竭，并在其最薄弱的环节上受到伤害。过度饮用咖啡、缺乏睡眠和锻炼以及不良的饮食习惯都会使问题复杂化。

让我们对整个身体系统在应激反应期间实际发生的情况进行更详细的讨论。图1.3可以帮助你更形象地了解应激反应。

当一个人处于压力下时，感官上得到的信息（比如眼睛看见蛇）被传送到大脑的下丘脑而引起即刻的反应。大脑对它感知到威胁的情况做出反应，并通过神经脉冲把信息发送到自主神经系统的交感神经分支。交感神经分支首先激活肌肉系统，告诉此人是该去战斗，还是该逃离这里。受到刺激的自主神经系统也会激活无意识的或自主的过程，比如心率加快和血压升高。

如果这种威胁继续发展（比如蛇越靠越近，而且数量也越来越多），那么激素系统就开始发挥作用了。因为激素必须要途经循环系统，所以这个系统需要花更长的时间才能充分发挥作用。下丘脑和垂体（均位于大脑）释放激素（化学递质），发生大量的反应。下丘脑释放内啡肽，一种强力止痛物质，在因战斗或逃离而造成的受伤或疼痛中发挥作用。体内还会释放出肾上腺素和去甲肾上腺素等激素，它们负责增加呼吸频率、心率，升高血压和释放葡萄糖，以增加血液中的氧气和能量（糖或葡萄糖），并把这些养分输送给运动中的肌肉。

为满足战斗和逃跑的能量需求，一些脂肪和胆固醇也要被释放到血流中去。但是要记住，无论这个人是被比特犬追赶，还是参加考试，机体都会以相同的模式做出反应。如果脂肪和胆固醇没有被用作能量，就必须把它们储存起来，通常被储藏在腹部和血管里。

随着压力的持续，下丘脑会释放另一种叫做促肾上腺皮质激素释放因子（CRF）的激素，它是一种引发应激反应多米诺骨牌效应的重要化学物质。CRF向垂体发送信号，释放另一种叫做促肾上腺皮质激素（ACTH）的激素，这种激素给肾上腺发送信号，释放皮质醇、醛固酮、纤维蛋白原以及更多的肾上腺素。这些化学物质通过增加免疫细胞的循环来保护机体免受伤害，以预防任何潜在创口的感染，并通过使血液变浓让血液快速凝结，以应对在战斗或逃跑中所遭受的任何创伤。当这些化学物质的水平对免疫细胞活性产生负面影响时，就会发生不良应激反应，导致炎症和血液变浓，进而引发卒中或栓塞（血栓）等心脑血管并发症（Bosma-den Boer，van Welten，& Priumboom，2012）。

压力期间，甲状腺也释放激素来加速新陈代谢，使葡萄糖释放到循环系统中。甲状腺素引起胰岛素分泌来调节血糖水平。在长期压力下，葡萄糖和胰岛素水平可能会导致诸如胰岛素抵抗、糖尿病和代谢综合征等这样的问题。

请记住，身体无法区分实际存在的身体威胁、想象的威胁以及情感上的威胁。比如，你认为你看见的是条蛇，而实际上那只是路边上的一根棍子。这时，你会对自己的错误感知一笑置之，并希望没人看见你的反应；同时，你会有种解脱感，但也会感到疲劳。这是因为你的身体经历了大量的活动，而这些活动都需要许多能量来支持！

自主神经系统的另一个分支——副交感神经系统在应激反应后的恢复中发

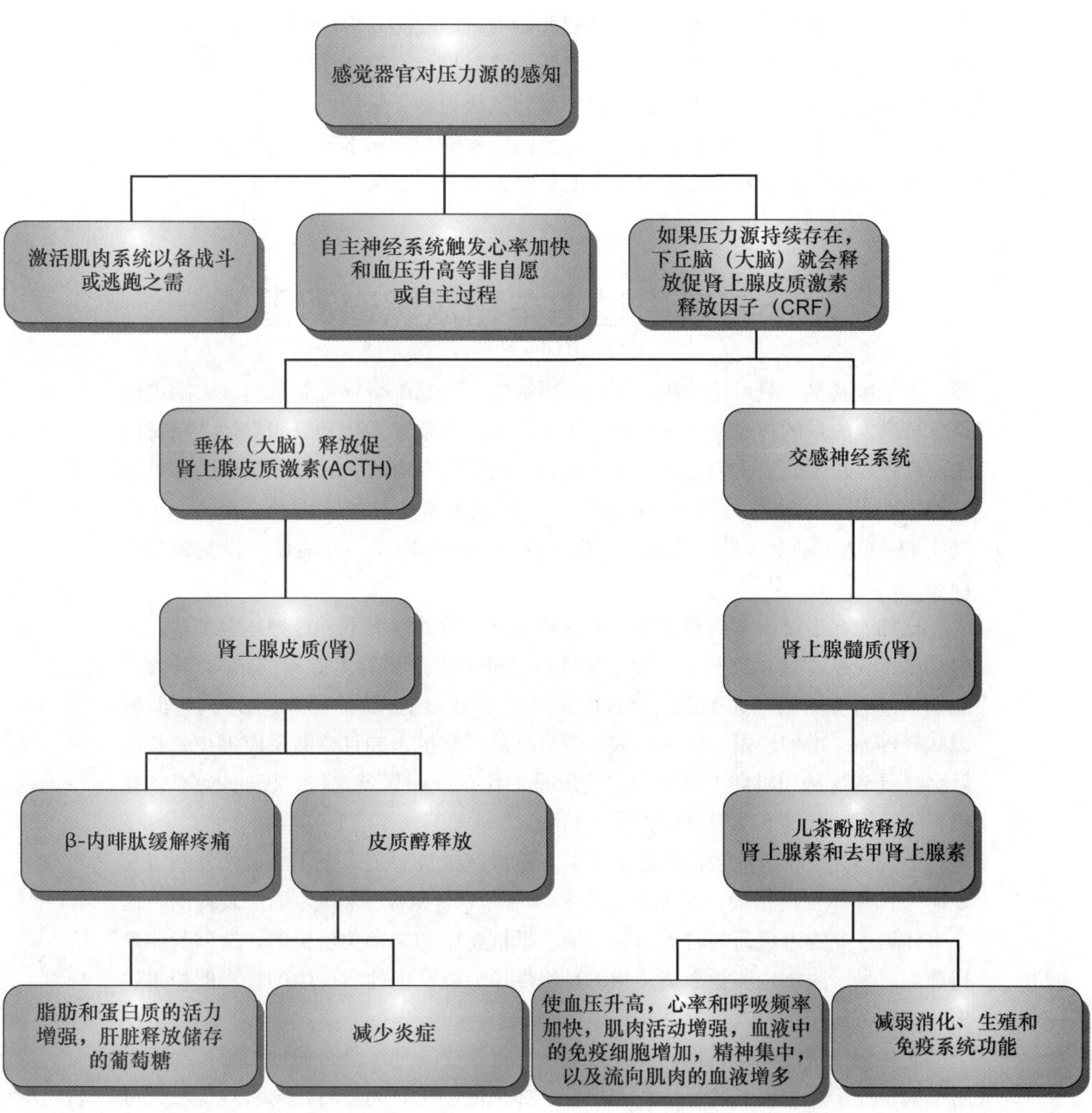

图 1.3 应激反应

挥了作用。这个系统被称为休养生息系统，其作用是通过降低血压和减少呼吸频率，使身体恢复正常的功能状态。这个过程就是前面提到的恢复至应变稳态。

当压力消除，身体恢复平衡或应变稳态时，皮质醇以及其他激素不会立刻退出反应系统。肾上腺素和去甲肾上腺素的半衰期（即激素减少到应激初始剂量的50%所需要的时间）是1~3分钟，但是皮质醇的半衰期是大约60分钟。皮质醇的持续存在意味着食欲的增加，以弥补在战斗或逃跑的体力消耗中使用的葡萄糖和脂肪。身体渴求更多的脂肪和碳水化合物来补充其储存量，这样，它将会在未来面临生存威胁时发挥最佳的功能。问题是，身体要完成这一切活动的前提是：压力源是一种需要能量的身体威胁，而不是被恋人抛弃的情感威胁。因为所有这些能量还没有被身体耗尽，升高的葡萄糖就触发胰岛素的释放来调节这些物质。皮质醇是将这些多余能量储存为体脂的罪魁祸首，这些体脂一般会堆积在身体的中部，靠近心脏的地方。这种腹部脂肪被认为是心脏病的危险因素。皮质醇还会使肝超负荷运转，以控制血液中升高的胆固醇和脂肪水平，它还会向身体发送"休养生息"的信号，变得对保存能量储备不那么活跃。

恐怖影片、过山车和双黑道滑雪

不论威胁是一只可怕的蜘蛛还是一团绒毛，大脑都会感觉到危险。大脑皮层产生可激发能量的神经递质谷氨酸、多巴胺和血清素来强化和巩固身体，以对抗或逃离这种危险。当我们花时间去监控我们的情绪反应时，大脑皮层就会有足够的时间去感知这种威胁只是一团绒毛，并阻止激素的分泌。大脑会释放 γ-氨基丁酸（GABA）。这是一种能让人进入安静状态的物质，并能使人恢复到应变稳态。

比如，在坐过山车或双黑道滑雪这种趣味挑战的情况下，这种危险警示已经启动了下丘脑，这是大脑中与肾上腺连接并使后者产生肾上腺素的结构。因此，我们的感官变得活跃而敏锐。这种激素开启了 β-内啡肽的释放，β-内啡肽可以减轻疼痛，增加快乐。如果我们知道自己可以掌控，并且应激反应停止，我们就会感受到这种积极向上的状态。这就是为什么我们喜爱这种"极速体验"，并以冒险、运动和性活动等方式去寻求刺激。

当身体处在持续或慢性的压力下时，就没有抵抗力了，更不用说恢复到应变稳态了，身体变得枯竭，且无法休息和恢复原状。Selye称其为第三衰竭期，这是身体屈于非稳态负荷的时刻。因为缺乏抵抗感染的正常免疫机制，所以身体变得脆弱，易于生病。非稳态负荷指的是慢性压力以及由此所产生的耗竭的积累效应（McEwen，2005）。

学生们经常想知道，他们在社会或文化上接受的训练是否使他们很忙碌，或者整天沉迷于压力或忙碌。一些人担心，如果他们花时间进行压力管理练习，可能会被别人认为是懒鬼。请记住，应激反应的持续影响会削弱大脑功能和学习能力，并造成多方面的健康损害。因此，我们需要采取各种措施来防止身体屈服于非稳态负荷。下一节我们将对压力的病理生理学进行介绍。

压力的病理生理学

大脑是遭遇压力源时的第一道防线。它将化学物质和激素释放到血液中，从而对感知到的威胁迅速做出反应。但是，这个过程同时也可能会产生严重的不良后果。压力激素长期升高的状态会损害大脑细胞，进而会导致神经受损、记忆丧失，并损害思维功能。长时间地暴露在压力下会损伤大脑海马体细胞，从而影响学习。学生们报告，他们长时间处于压力状态下时会变得易于发怒、疲倦和抑郁。

Rossman 医生（2010）曾经撰写了大量有关焦虑和健康的文章。他说，情绪在一种被称为状态依赖（state-dependency）的特殊化学状态下被编码到记忆中（p.62）。当我们忐忑不安时，很难达到平静的状态，且更易于愤怒。此外，在忐忑不安或愤怒的状态下，我们会想起旧日的伤痛和情感。Rossman 解释说，为了达到最佳的智力状态，我们需要转换到一种更平静的状态，而这种状态需要训练。

对我们的祖先来说，反复琢磨某种情况而不是战斗或逃跑——一种现代现象——是一种不明智的选择。反复地"考虑"或"斟酌"某种情况可能会导致绝望、无助和挫败感。当身体陷入应激反应状态时，会不断地释放皮质醇和肾上腺素。后面的各章将探讨压力管理方法，比如冥想和重新组织我们的思维会如何帮助我们从难以自拔的混乱思考中解脱出来，进而增强大脑功能。

内分泌系统的主要激素（肾上腺素、去甲肾上腺素和皮质醇）水平的升高与健康并发症有关，比如心脏问题、糖尿病和卒中。例如糖尿病，虽然可以用药物、饮食和体育锻炼的方法进行治疗，但是当压力持续触发糖向血液中释放时，血糖也难以得到控制。压力管理在糖尿病治疗方面会有很大的帮助，它影响着全世界数百万的成年人（Morris，Moore，& Morris，2011）。

应激反应会导致血压升高和心率加快，使血管内壁紧张和弹性下降。这反过来会导致炎症，表现为在血管内壁或内皮堆积脂肪。升高的血脂通过载脂蛋白在血液中循环。饱和脂肪酸含量高的食物含有大量的低密度脂蛋白，这种蛋白质会导致炎症，并损害血管内壁。这致使已经有斑块的动脉内壁进一步狭窄，导致血液循环减慢。应激反应还致使血液变稠，产生更多的血栓。此外，由于血栓流动时有堵塞其他血管的可能，因此，会使动脉内的血液循环速度减慢，导致肌肉痉挛、疼痛和心脏健康问题，并增加发生卒中的危险。

当今的问题是，我们的压力源并没有为机体提供机会去使用为应对战斗或逃跑的体力消耗而释放到体内的应急激素。因此，这些激素滞留在体内而肆虐。美国人是世界上最久坐不动、身体状况不佳且不健康的一群人了。这一点可以通过不断增加的与肥胖相关的健康问题来证明——糖尿病和高脂血症（血液胆固醇升高）的患病率上升。身体活动有助于消耗压力期间释放的多余能量。此外，在身体活动期间，身体释放出内啡肽、血清素和多巴胺会对思维和情绪产生积极的影响。研究表明，那些定期进行锻炼的人们患抑郁和焦虑的风险较低，疾病严重程度也较低，通常在轻度到中度之间。研究人员还发现，身体在经受长时间的压力时会耗尽内啡肽，这会导致头部和背部的疼痛加重。

应激反应期间，血液从身体中心分流到大肌肉群——用于逃跑或战斗的胳膊和腿部肌肉群。因此，身体需要大量的能量来消化和代谢食物，使所产生的养分用于整个身体的生长、修复和补充能量储备。当消化和吸收过程受到压力干扰时，消化道就会出现如肠易激综合征（IBS）这样的并发症。在儿童中，最常见的健康问题就是腹痛，这可能就是终身消化道问题的开始。

压力使体内皮质醇水平升高，致使免疫系统活动受到抑制，进而减弱了身体处理慢性炎症的能力。我们面临的大多数灾难性疾病，包括心血管疾病、糖尿病、呼吸道疾病、自身免疫性疾病、疼痛反应加重以及癌症等，都与非稳态负荷和身体无法达到应变稳态所带来的炎症有关（Bosma-den Boer et al., 2012；Morris et al., 2011；Wardle et al., 2011；Yusuf et al., 2004）。

压力会刺激肌肉使其产生过度活动，比如神经抽搐或无法控制的动作（例如双手颤抖）。它还会限制肌肉进行协调活动的能力，从而导致出错，比如在紧张状态下的过度反应或代偿反应（例如过度调转汽车，或错失了一次容易命中的投球）。

因为皮肤是身体最大的感觉器官，所以它最易受到压力的影响。研究表明，荨麻疹、皮疹、粉刺和湿疹这些疾病都与愤怒有关。当某人有压力时，伤口不能很快地愈合。事实上，经常鼓励将要接受手术治疗的病人进行诸如意象引导这样的压力管理活动训练有助于他们伤口的快速愈合，进而减少感染。这点告诫我们身-心健康的重要关系。

身体在长时间的压力下还会变得易受环境中细菌的伤害。免疫系统是一个由器官、组织、白细胞以及其他特殊细胞组成的网络，其作用是抵御疾病。这个系统大部分受内分泌系统的调节，而内分泌系统使用特殊的化学物质与其他系统进行沟通。在长时间的压力下，升高的皮质醇会阻碍身体产生并维持淋巴细胞（白细胞的一种）击退免疫系统威胁的能力。

简单地说，当我们长时间地处于应激反应中时，我们会筋疲力尽，而且身体伤口愈合和组织成长的能力也会受损。假如你不断地从自己的银行账户中取款而不储蓄，那么你将花光所有的钱。这就像你对待自己的身体一样，你需要透支保护。本书将为你提供丰富多样的增强身体透支保护的方法，并提高你的健康水平和幸福感。

@ 网络链接

压力的病理生理学
可访问美国疾病预防控制中心网站，该网站提供最新的压力研究。www.cdc.gov/vitalsigns

身心健康：心理神经免疫学

《放松反应法》一书的作者赫伯特·本森（Herbert Benson，2000）广泛地研究了高血压的流行及其在应激反应中的根源。他认为应激反应会损害身体的每个细胞和系统。他的研究表明，许多疾病，比如高血压、哮喘、月经不调、生育问题、无性欲、胰岛素抵抗以及骨质疏松症等，都与压力有关。他指出，我们的医疗体系过多地依赖于药物和手术，而没有充分依靠"自我保健"，即能够使我们自己"治愈和恢复"的天然能力（p. xvii）。自我保健学说提出了个体内在的控制机制，再次强调内控力的重要性。

Benson 是早期建议美国政府建立国家补充和替代医疗中心（NCCAM）作为国家卫生机构一个分支的倡导者之一（Benson，2000）。"整合医学"一词用来描述传统、补充和替代治疗的结合（CAM）。NCCAM 支持传统、补充和替代治疗相结合的研究，并资助了从褪黑素治疗睡眠障碍到瑜伽治疗腰痛的课题研究（图1.4）。越来越多的美国人正在使用这些传统、补充和替代治疗相结合的方法，并自付这些服务和产品的费用（图1.5）。

在科学文献中，压力和疾病之间的联系越来越紧密。这导致了对许多"生活方式疾病"的确定，比如心脏病和癌症。这些都与吸烟和不运动等不健康行为有关。"生活方式"一词指的是习惯性行为，其中许多都与压力有着复杂的联系。例如，在压力下工作的人可能会过度吸烟或喝酒。有人可能认为，生活方式疾病只出现在成年期。但是，现在越来越多的大学生正在经历着不健康的生活方式所带来的负面影响，这些行为包括睡眠不足、物质滥用和不运动。

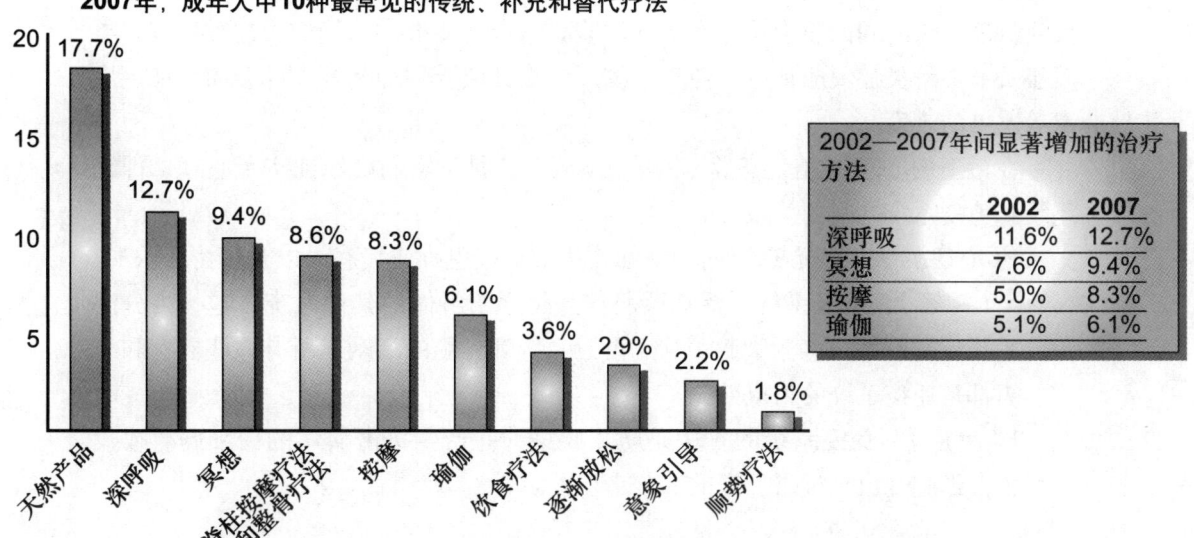

图1.4 最常见的补充和替代医学治疗方法
National Center for Complementary and Alternative Medicine，2007。

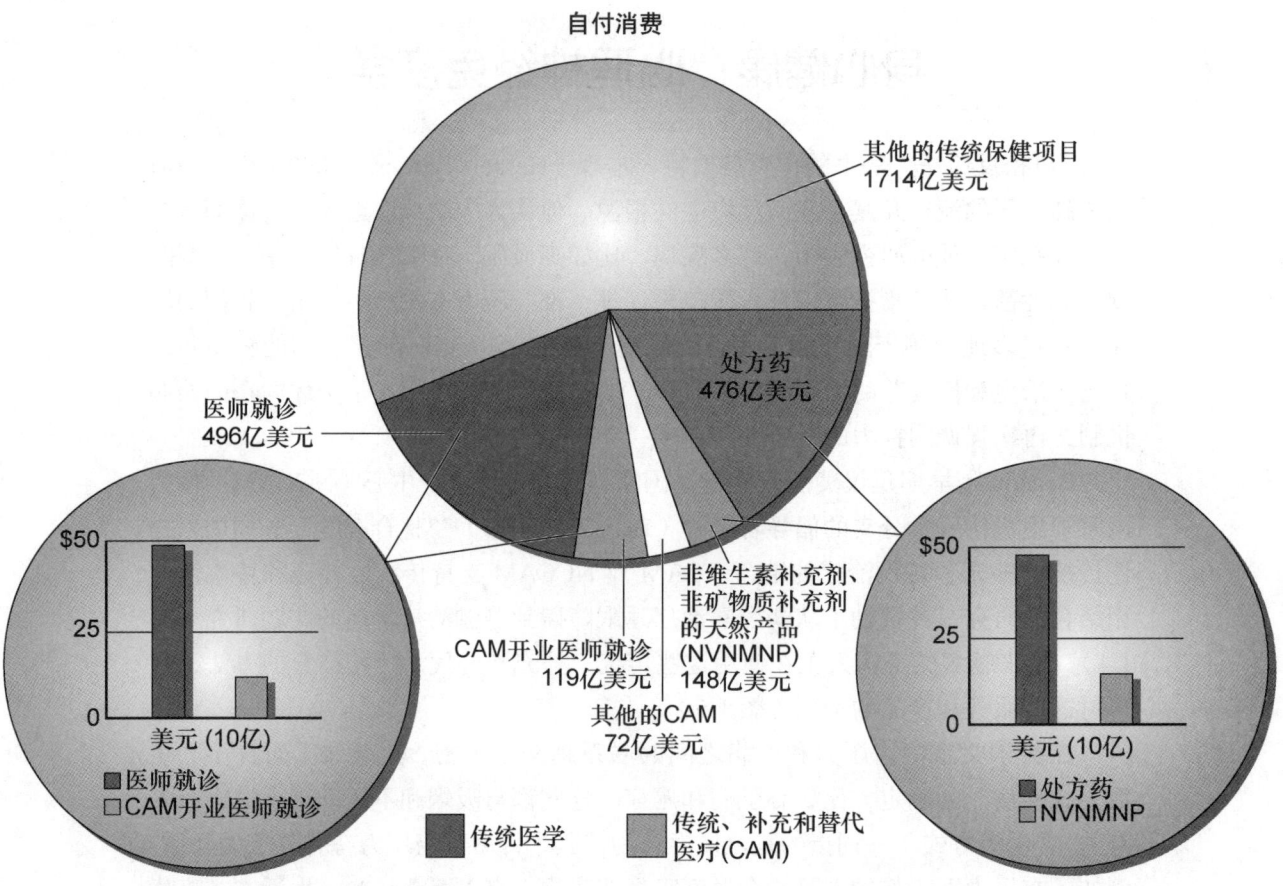

图 1.5 用于传统、补充和替代医疗（CAM）的自付费用（保险覆盖范围外）
National Center for Complementary and Alternative Medicine，2011。

研究者估计，有 50%～90% 的疾病与应激反应有关。由于交感神经系统的反应过度，长时间的压力会导致机体反应异常或功能失常。例如，过敏反应、类风湿关节炎的炎症反应加剧、免疫系统反应迟钝或受到抑制等，都会加大抵抗病毒等感染的难度。

在最新的心理神经免疫学（PNI）领域里，科学家们已经证实了心理、神经系统和免疫系统之间的关系。

P（心理）：大脑或心理层面的认知，比如消极思维或愤怒，以及祈祷和乐观。

N（神经）：神经系统激活后会将信息传递给身体的其他系统，包括内分泌系统。神经系统刺激胸腺、脾、淋巴系统和骨髓的活动。所有这些器官和组织都是免疫系统的组成部分。

I（免疫）：免疫系统的作用是防止感染，并产生抗击疾病的白细胞。战役由白细胞开启，抗击外来的入侵者。

一旦大脑向神经系统发送一条此人受到威胁的信号，神经系统就开始发出战斗或逃离的紧急信息（激素）。身体所关心的只是此刻保护自身不受这种威胁，而不是长期效应。当个体可能成为别人的盘中餐时，此时疾病已不是最重要的了，所以机体暂时不考虑免疫系统，它必须划分优先级。这些用于应急的化学物质会对免疫系统造成严重破坏，使其陷入混乱状态，并经常导致疾病（Pelletier & Herzing, 1988）。长时间的压力会损害免疫系统的防御能力，使身体易受病原体的侵害。这些侵害来自于随时出现的任何细菌或病毒。一个健康的免疫系统能抵抗大多数外来入侵者。学生们通常在经历了长期的压力阶段后（例如期末考试周）因病毒感染而生病，比如患流感或上呼吸道感染。

安慰剂效应

心理神经免疫学（PNI）的一个重要领域就是安慰剂效应——一种相信治疗或干预计划的有效性而产生的生理效应，这也是很多研究的一部分。这种效应的经典示例是用糖丸或假性治疗来医治疼痛患者。此时研究人员和患者都不知道哪些患者在接受真正的疼痛治疗，而哪些患者在接受假性治疗，这就是所谓的双盲研究。相信疼痛会减轻实际上就刺激了内啡肽的释放——身体内可自然缓解疼痛的激素。安慰剂效应在药物研究中如此重要，以至于在发布任何药物的疗效时，必须把它作为一个因素计入在内；实际上，这种效应可以占到药物功效的35%。

安慰剂效应表明，心理作用使我们更加快乐和健康。对治疗的信任、祷告、放松、冥想，这些都是促进健康和压力管理的有力方法。许多运动员运用创造性想象来提高其运动成绩：他们想象自己能投出完美的投球或罚球（有关创造性想象的更深入的讨论参见第4章）。患有癌症的儿童想象一个英雄围捕并消灭癌细胞的行动，实际上就能提高他们的白细胞数量。那些想象其伤口愈合的手术患者通常伤口愈合得更快，且不发生感染和其他术后并发症。

@ 网络链接

医学和压力

- 国家补充和替代医疗中心（NCCAM）：国家补充和替代医疗中心是美国国家卫生研究院的一部分，资助有关补充和替代医学的科学研究。其网址提供已完成的研究总结和最新的研究信息，以及参与临床试验的机会。http://nccam.nih.gov/research
- 美国国家卫生研究院（NIH）：其网站内容包括对压力的讨论。www.nlm.nih.gov/medlineplus/stress.html

---

以优势为基础的方法

我们经常期待着医学模式能帮我们消除压力的影响。但是，像阿司匹林和抗焦虑药这样的药物，治疗的是压力的症状，解决不了问题本身。开发我们自己的压力管理工具箱，并选择用这些方法来应对压力，取决于我们每个人。相反，当我们习惯性地选择害怕时，我们就会感到无助和无法应对。我们有能力去改变这种感到害怕和不安全、担忧、焦虑和紧张的习惯。

以优势为基础的压力管理方法使我们能够积极地应对压力。这种方法强调增进健康的训练，比如乐观、相信自己的能力、增强幸福感和动力，以及挖掘我们独特的智慧等，而不是专注于一些不该做的事情（比如勃然大怒，或通过过度饮酒进行自我治疗）。

幸福

马丁·塞利格曼（Martin Seligman）被认为是积极心理学领域里的一位开拓者。他用"繁盛"一词来形容一种积极的心理状态和社会幸福感（Seligman，2011）。Seligman 的"幸福感理论"提出了积极的情感、参与、意义、良好的关系以及成就等几个方面是构成幸福感的要素（2011，p.12）。本节将深入地探索幸福的品质，或以优势为基础的方法。

当人们相信自己有能力去改变并且开始行动时，他们就有了自信，相信自己的力量（Bandura，1986）。为了建立你的优势，你必须要调查你的感知或控制点。正如本章前面提到的，拥有内在控制点意味着有能力去挖掘并利用你的优势。

Seligman 及其同事还提出了"习得性无助"的概念（2007）。根据这一概念，那些表现出缺乏动力、歪曲事实，并利用无助让他人挺身而出为他们工作，或逃避期望的人即处在一种习得性无助的状态中。显然，这种人具有外部控制点。习得性无助的一个例子是，学生以过去的疾病为借口不按时交作业，因为他/她已经"习得"了可以利用这种行为来逃避作业的能力。

Seligman 及其同事进一步提出了"习得性乐观"的概念。无助和乐观都不是与生俱来的，而是习得的行为。换句话说，乐观是可以教的。人们的乐观程度源自于他们的控制点。他们通过 Seligman 提出的解释方式来理解并说明他们的控制点（表 1.1）。解释方式包括以下 3 个方面：

- 人们为这种情况承担了多少责任
- 人们向别人推卸了多少责任
- 人们在多大程度上把这种情况归因于运气或机会

表 1.1　乐观和悲观的解释方式

乐观的解释方式	悲观的解释方式
这种情况只是路上的一个插曲，是暂时的。情况本身可能并不完全在我的控制范围内，但我对它的反应就是如此。	这种情况是永久的，而且会一直如此，是普遍的。我没做过一件让人感到合适的事，这种情况总是发生在我身上。

那些直面困境的人注重的是自身承担责任的能力，他们有内在的控制点。而那些有外部控制点的人把产生后果的责任推卸给他人或别的事情——"教授今天过得很糟糕"或"人们就是不喜欢我"，或者是命中注定，或者是意外。当我们执

着于这些局限的和悲观的想法时,它们就会真的把我们变成这个样子。如果我们继续纵容这些消极的想法,它们就会成为制约自我信念和自我实现的预言(例如"我太笨了,不会做这个",或者"我的动作太慢")。把责任推卸给别人只会让情况变得更糟,而且会产生无助和受害感。法国哲学家 Rene Descartes 的名言"我思,故我在"就是对这一概念很好的总结。这一点同样适用于"我思,故我苦"这句话上。

> 你知道吗?在中文里,压力的意思是我们太忙了,以至于忘记了我们的心灵和思想。CenterTao.org

动机的层次

亚伯拉罕·马斯洛(Abraham Maslow)是最早研究那些经历过逆境的人们的积极性格的人之一——尤其是在第二次世界大战期间。他称其为理解人们的需求和动机的"人性化的方法"(见图1.6)。Maslow 从食、宿这种最低层次的生理需求开始,对需求层次进行了描述。他的假设是,我们必须先满足基本需求,然后才能继续满足更高水平的需求。最高的需求是超越更高的自我。

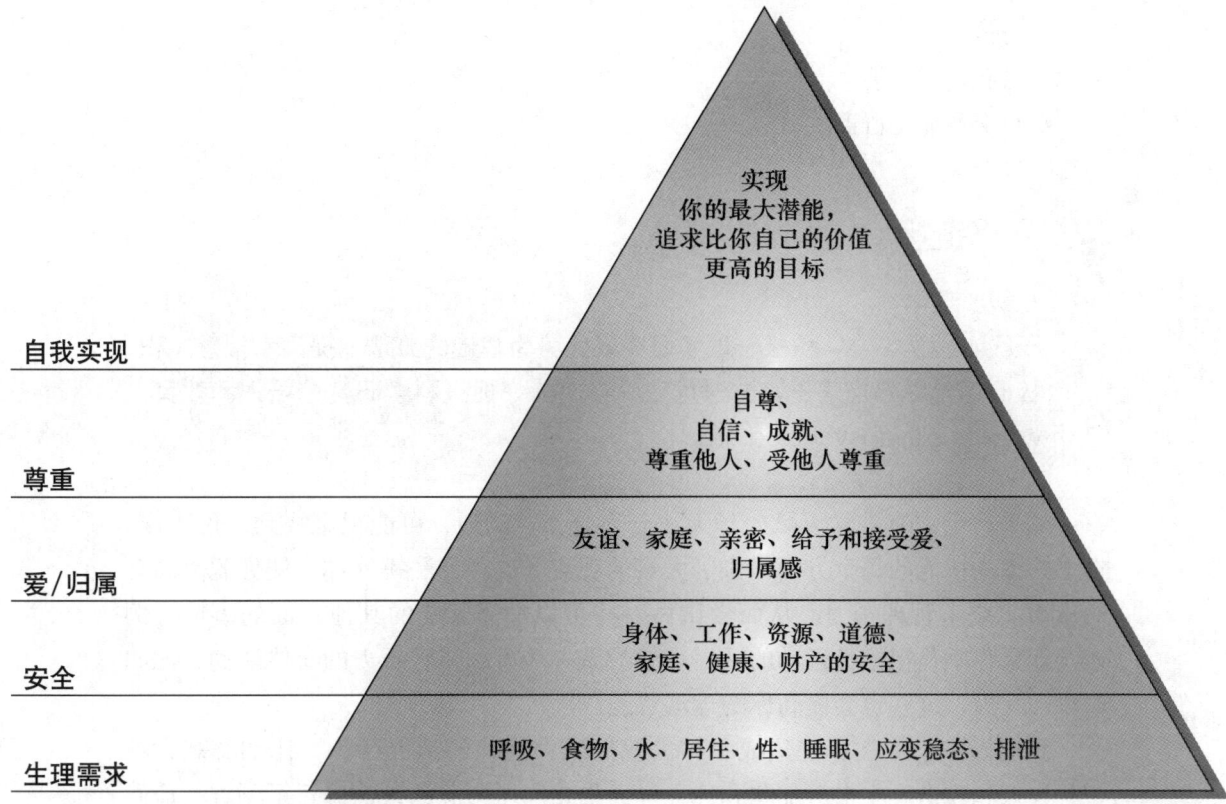

图1.6 Maslow 的需求层次
改编自 Finkelstein,2006。

虽然我们会更专注于外部需求，比如穿着、居住空间和汽车，但是这一切必须建立在先满足基本生理需求的基础上。在某种程度上，我们需要迈向更高水平的内部需求，比如爱、同情和沟通。外部需求无法代替这些内部需求。

Maslow 的层次理论是后来许多以优势为基础的健康方法模型的基础。他有关动机特征的研究与意志力和适应力的概念有直接的关系（2011）。Maslow 还发现，创造力是应对变化的一个重要技能。跳出常规去思考，从错误中汲取经验的能力可以激励人们将挑战视为机遇。

多种才智

Howard Gardner 提出了另一个观点，这个观点与发展我们的优势和实现我们的最大潜能有关。他建议我们寻找机会去提高我们与生俱来的智能，而不要只看自身的弱点（1983）。许多人听到"智能"这个词会不由自主地想到智商。Gardner 提出智能是多层面的，它包括以下几方面：

- 音乐智能
- 视觉-空间智能
- 逻辑和数学智能
- 言语和语言智能
- 自然观察智能
- 身体智能
- 自我认知智能
- 社交智能（群商）

> **@ 网络链接**
>
> **积极心理学**
> 积极心理学中心：积极心理学研究以优势为基础的方法，提高幸福感。积极心理学中心坐落于宾夕法尼亚大学，旨在促进科学研究、培训和教育。
> www.positivepsycholog.org

如果一个人有数学天赋，却无法与人合作、沟通，可能很难找到一份工作。本书为提高智能的每个方面提供了大量的观点。这种方法挑战你，使你脱离固有的做事套路来管理压力，从而尝试做一些可以加强智能的其他方面的事情。例如，如果你不是很擅长运动的话，那就尝试一些可以减轻压力的身体活动，比如瑜伽和太极，这些也会提高你的运动智能。

我们倾向于专注那些造成和扩大我们压力症状的消极行为，比如悲观、绝望、失败和攻击。本书对那些和你一样面临相同压力源的人们进行了测查，他们面临的压力源也许比我们中的任何一个人想象的更糟糕，但仍然保持着健康和快乐。他们为之全力以赴的动力是什么？我们怎么才能学到这些本领呢？

对压力管理采取整体方法的原因是要超越症状，对问题进行更深入的了解，然后开发优势，主动积极地处理问题。设想一下，你必须在全班进行演讲。为了减轻压力，你可以事先喝几口啤酒放松一下；但是现在你必须要处理这种选择所带来的可能后果，比如酒后驾车。在演讲之前，更好的选择应该是检查你的讲稿、使用肯定语句、计划你的时间、用提词卡片预演、找个朋友来听你的演讲、做深呼吸，以及使用创造性想象。这些方法有助于你控制局面，并展示一套你可以反复使用的技能。

消极的应对技巧或处理压力的方法包括饮酒、暴饮暴食和争吵。本书专注于积极的应对技巧。但要记住，积极的应对技巧有可能会变为消极的。例如，如果强制或过度地使用一套训练体系来管理压力的话，那么这套训练体系就会变成一种消极的应对方式。

意志力

我们认为那些把变化视为生命中必要和重要部分的人是坚强、勇敢的。芝加哥大学的 Suzanne Kobasa（1979）对经历过大规模裁员的工人进行了调查（在当今的经济形势下，这种情况并不罕见）。她在那些经历了压力风暴和不确定性的人们中发现了 3 个一致的特征，并称之为意志力：

- 挑战。把变化视为一种挑战会激发创造力，进而增强人们去迎接挑战的动力。挑战的部分特征是所谓的补偿，这是一种专注于优势而不是弱势的能力，并调动个人的责任感。
- 承诺。坚持自己的目标，努力发挥自己的最大潜力就是承诺。有责任感的人愿意去解决问题，而不是增添问题；他们相信，他们的努力会使事情得到圆满的解决。
- 控制。一个人能在力所能及的范围内完成所有工作的能力就是控制。

Kobasa（1979）发现，有 2 种方法可以增强意志力：自强不息和重新认识过去的压力事件。自强不息的意思是关注我们能控制的事情，把我们的精力和注意力投入到积极的行动中。重新认识压力事件包括：重构我们对它的偏见，并设想下次以建设性的方式来应对。

心流——一种全情投入的状态

Mihaly Csikszentmihalyi 创造了"心流"（flow）这个词，以描述一种充满激情地沉浸，并全身心地投入到一项具有挑战性的活动中去的体验，这种体验不考虑结果、时间或个人的表现（1997）。Csikszentmihalyi 发现，当工作变成一个更像游戏的活动时，人们的内部动机就增强了——也就是人们不求报酬也会去完成工作。Csikszentmihalyi 的"心流"概念与另一个被称为"正念"的力量属性产生了共鸣，这是一种没有顾虑或期望，完全专注于当下的状态。我们将在第 4 章对正念进行更详细的讨论。你能每天找些让自己感觉处于心流状态的事情去做吗？培养一项爱好，进行一些身体活动，学习烹饪，或创造一些对结果不抱期望的东西——这就是耐克的宣传语所说的：只管去做吧！

平静的祈祷

这个祈祷会让你想起一个已经存在很久的12步计划。把它当作一首赞美诗，想起它时会有助于你集中在自己的选择和控制点上。

请赐予我力量，让我平静地接受我无法改变的事情；请赐予我能改变这些事情的勇气，以及分辨差异的智慧吧！

Reinhold Niebuhr

韧性

韧性是一种即便在有压力和艰难的环境中都能适应和保持健康的能力。我们面对压力源的适应程度与我们如何评估或感知事件，以及今后如何处理生活事件有很大的关系。宾夕法尼亚大学Karen Reivich领导的研究人员发现（Reivich & Shatte，2002），有韧性的人具有如下特征：

- 自我效能感——相信有能力度过困难时期。
- 情绪调节——在压力状态下保持平静的能力。
- 控制冲动——以一种可控的方式做出反应而不是以强迫的方式行事的能力。
- 共情——识别他人情感的能力。
- 乐观——以积极的眼光去看待事态和未来结果的能力。
- 为他人提供帮助——可以带来强大的社会支持的互通意识。
- 解决问题并从挫折中吸取教训——有分析和解决问题并从挫折中吸取教训的能力。

我们有能力改善自己的韧性；本教材提供了实用且具体的方法，以提高韧性和其他的优势。

积极性

北卡罗来纳大学教堂山分校的Kenan杰出心理学教授Barbara Fredrickson提供了大量的证据来支持以优势为基础的健康方案。Fredrickson在其《积极性》一书中（2009）发现了积极开放的学习态度、处事能力与健康改善之间的联系。她提出了一个3∶1比率——就是面对每一种消极的情绪体验，或消沉的人，人们至少应该有3种积极的情感体验，或称生活体验。消极情绪是无法消除的，因为很多消极情绪都起因于严格的期望。消极可能只是一种习惯，比如因被冤枉而烦恼，或者急于下结论。Fredrickson提出了10种积极的方式：

- 喜悦

- 兴趣
- 娱乐
- 爱
- 感恩
- 自豪
- 敬畏
- 希望
- 鼓舞
- 平静

可以采用 Barbara Fredrickson 制定的积极的自我测试量表来确定你的积极情绪和消极情绪的比率（www.positivityratio.com）。

日　记

日记是以书面形式记录个人的感情、思想以及感知的做法。历史上，日记一直被用来处理个人问题。写作可以起到以下的作用：

- 发泄不良情绪（作为一种宣泄）
- 增强意识、责任感和拥有权
- 以超然和客观的态度观察事态

养成写日记的习惯会有益于丰富写作经验。这种习惯可包括如下几方面：

- 呼吸或专注性的活动
- 确定写作是真实、诚实、自发、无约束的
- 使用专门的日记本
- 寻找一个不被打扰的安静环境
- 如果写作有困难，可以试着涂鸦、画素描，或想象
- 写作时放置一个定时器（最佳时间是 15～20 分钟）

保持对生活中各方面的积极态度，让你的注意力保持在积极的事情上，积极与消极经历的比例为3∶1。这样，你就会关注生活中那些快乐、有爱和感恩的事情，而不去更多地关注负面情绪。

写日记时，不要使用电脑的文字处理器。必须给自己一定的时间，慢慢地练习写下你的想法、情感和感受。

探索价值观

价值观是一些使生活变得有意义的因素。我们常常感到有压力，是因为我们不堪重负，感到疲惫，而且没有精力去享受我们珍爱的东西。而价值观是我们生活中最重要的部分。它每天都在唤醒我们的内心感受。

- 集体讨论你关注的所有事情，例如教育、友谊、自由和创造力。
- 想一想，如何做你才能花更多的时间与你珍视的人在一起，或做你认为重要的事？
- 讨论压力是如何妨碍你追求或享受有价值的事情的。
- 讨论压力管理如何才能强化你的价值观。

千里之行始于足下

在这个活动中，你要马上检查你生活中主要的压力源（事件）、以前重要的生活事件、你每天经历的烦心事，以及让你发火的那些事（比如使你发火的导火线）。

千里之行始于足下			
通过关注压力事件是如何在你身上（身体、情绪和思想）表现出来的，你会了解更多的压力相关问题及其管理的过程。			
压力事件	我身体上的感受？	我情绪上的感受？	与这件事有关的想法是什么？

From N. Tummers, 2013, *Stress Management A Wellness Approach* (Champaign, IL: Human Kinetics).

"千里之行始于足下"工作表可在附录里获取。

生活方式和减压

回想一下你的生活方式,也就是你在大部分时间里的行为。这些行为包括财务管理、时间管理、烟酒消费、性行为、身体活动、愤怒管理以及睡眠。考虑一下哪些方面与你的压力体验最相关,你需要研究一些对策来管理因这些行为而导致的压力。

对压力及其管理的文化探索

此活动要求你带着审视的眼光去观察我们的文化和社会是如何描绘压力环境和压力管理的。当研究这些描述时,我们可以看到环境是如何影响我们对压力的反应的。

- 选一部你最近看过的电影。思考一下主人公是如何处理压力情境并管理压力的。请想一下,假如你处在相似的情境中,你将如何应对?推荐的影片有:《欲望号列车》(Crash)、《篮球日记》(Basketball Diaries)、《六度分离》(Six Degrees of Separation)、《贫民富翁》(Slumdog Millionaire)、《为人师表》(Stand and Deliver)、《弱点》(The Blind Side)、《秘密与谎言》(Secrets & Lies)。
- 不同文化和社会经济背景下的人们是如何经历和管理压力的?
- 你自己的社交网络和文化特性是如何影响你对压力的反应和管理压力的?例如,如果你的社交网络是以学生运动员为主的,你是否会因为来自教练、球队和校园社区的压力而感到紧张?

对压力及其管理的意识

- 什么情况会让你感到最有压力?
- 在什么情况下和进行哪些活动让你感觉最放松?
- 你什么时候感觉有压力?通常你如何对身体和情绪上的压力做出反应?
- 根据你对PNI的理解,压力是如何影响你的健康和患病风险的?

重大的生活变化

- 回忆你生活中经历的那些重大的变化,并对健康进行全面的评价(身体、情感、智力、社会、灵性和环境)。
- 当你回忆生活中的这些巨大变化时,你认为它们是压力还是挑战?
- 回想平静的祈祷文和你自己的生活变化。在这些事件中,你是否有内部或外部控制点?
- 思考接纳改变,并且活在当下,享受这个过程的重要性。

让我全情投入的事情

列出你做过的那些使你全情投入的事情（即当你正在完成一项自己可以胜任并具有挑战性的任务时所进入的忘我状态）。你是否能给自己的生活增添一种心流的感觉？

培养意志力

回想一下意志力相关的每个特质：承诺、控制和挑战。你什么时候表现过这些特质？你什么时候在别人身上看到过这些特质？有哪些具体情况？你如何在自己的日常生活中更多地培养这些品质？

优势整合

设定一个目标，把重点放在你想要培养的、以优势为基础的品质上，比如爱、心流和社会支持，并用截屏或电子文件夹的方式把它们保存起来。

这个文件夹可包括一个博客、一个剪贴簿、一些照片、一本日记、诗、短文、信、名言、鼓舞人心的话语、调查研究、艺术品以及播放列表。

总　　结

本章对压力背后的生理机制进行了概述。了解压力对身体的影响及其在疾病中的作用是对你自己的压力管理负责的第一步。此外，本章还介绍了有关最佳压力管理方法的最新的科学研究。以优势为基础的方法侧重于我们日常能做的主动练习，以增进我们的健康和幸福感。

后面的各章涉及健康的每个方面，并提供活动来帮助你将这些信息以增进健康的方式运用到生活中。我们将从身体健康和压力管理层面开始第 2 章的内容。

第 2 章

身体健康

呼吸新鲜空气最多的人活得最好。

伊丽莎白·芭蕾特·布朗宁（Elizabeth Barrett Browning）

本章将通过提供一些信息、方法和资料，来帮助你建立与身体健康和压力管理相关的健康生活方式。这里所指的生活方式是你每天或经常坚持做的活动。这样的活动会成为习惯。你可能已经在练习一些身体健康方面的压力管理方法，比如定期的体育锻炼。你将会在本章中学习许多管理身体健康的简单方法。

本章的许多活动都是从专注的坐姿开始的。下面是一些可以帮助你建立专注坐姿的练习：

- 尽量挺直地坐在一张舒适的椅子上。松解所有的束身衣。
- 选择一个安静的环境去练习。关闭手机。
- 将注意力集中于你的呼吸。找一个锚定点——一个具体的位置，比如你的鼻孔或鼻梁，在你进行呼吸时，将全部注意力都集中于此。
- 要有耐心！

针灸与穴位按摩

传统的中医和亚洲其他的保健模式惯于使用针灸和按摩。针刺疗法使用细针（直径大约相当于猫胡须），而按摩使用稳定的压力或用手指轻敲来释放被卡住或阻塞的能量，或气。这两种方法的目的是减轻疼痛和增加能量。

> **@ 网络链接**
>
> **生活方式和身体健康**
> - 预防医学研究所：这家公益机构会提供研究资料，展示生活方式的选择对健康和疾病的影响。www.pmri.org
> - 实际年龄（RealAge）：该网站通过有关生活习惯的测试来确定你真实年龄的近似值（相当于你的生理年龄）。网站还提供一些健康生活方式的视频。点击"每日烦恼"（Daily Hassles），看看它们是如何让我们"变老"的。www.realage.com/mood-stress/are-daily-hassles-making-you-sick
>
> **针灸**
> 国家针灸和东方医学认证委员会：这个组织是一个寻找有信誉的、国家许可的针灸师的资源库。www.nccaom.org

美国国家神经障碍和卒中研究所估计，大约有 4500 万名美国人有慢性头痛。最常见的头痛是紧张性头痛，它是由头部、颈部或头皮的肌肉收缩引起的。Linde 及其同事（2009）评价了 11 项有 2317 名受试者的针灸治疗紧张性头痛的随机试验。他们的结论显示，针灸对治疗频繁的紧张性头痛是有效的。

利用正能量

在这个活动中，用指尖轻轻敲打以缓解紧张。用中间的 3 个手指以相同力度敲击桌子。在每个部位用缓慢而柔和的动作做 30～60 秒。

开始

专注的坐姿。

提示

1. 做几次放松的深呼吸。将双手放在前额上。开始在你双眼之间轻拍 30～60 秒。做 5 次放松的深呼吸。
2. 将双手放在两条眼眉的起点，双手一边缓慢向外移动，一边轻轻拍打，直到太阳穴的位置。做 5 次放松的深呼吸。
3. 将双手放在两只耳朵上，从你的耳朵上方开始轻轻拍打到耳后，直到你头部后方，也就是脖子开始的地方。继续慢慢地轻拍。
4. 将一只手臂交叉搭在对侧身体上，然后轻轻拍另一只手臂的腕部、肘部、肩关节以及肩膀顶部，直到颈部。
5. 做 5 次深呼吸，然后换身体另一侧。
6. 双手轻轻拍打你的胸骨上部，然后沿着你的锁骨缓慢地拍打，直到肩关节，然后返回到胸骨面。做 5 次放松的呼吸。

结束

做 5 次以上放松的呼吸，在完成这个穴位按压活动后，说出你的感受。

自生疗法

自生疗法是避免做出战斗或逃跑反应的一种自我管理方法。它包括对自己默默地重复话语，以激发四肢产生温暖、力量并放松，进而蔓延至全身。自生疗法的真正含义是"自然产生的"（放松）。它通过血管舒张（即血管直径增加）使身体平静下来，这是副交感神经系统激活的表现。结果使心率、血压、呼吸频率和肌肉紧张度下降。自生疗法是治疗失眠症、头痛和焦虑的一种有效方法。

这种方法可能对那些想要探索他们的运动智能，并对身体进行集中练习的人有吸引力。首先，你要默默地对自己重复话语。当你熟练了之后，你会发现不用再重复这些话语你也能达到一种放松的状态。做这个练习要有耐心，不要强求——采取一种尝试的心态。

自生疗法的基础

这里将介绍自生疗法的基础练习。

开始

专注的坐姿或平躺。

提示

1. 双目紧闭，进入一种放松的呼吸状态。
2. 真正努力做到让自己一天所有的烦恼和担忧都烟消云散。通过默念和慢慢地对自己重复下面的话语来增强你双臂的力量：
- 我的右臂有力量了（重复3遍）。
- 我的左臂有力量了（重复3遍）。
3. 感受你右臂的力量。感受你左臂的力量。
4. 现在对自己重复说3次"我的右腿有力量了"，然后再对自己说3次"我的左腿有力量了"。
5. 感受你右腿的力量。感受你左腿的力量。
6. 活动开始前，集中做放松的深呼吸。
7. 再一次真诚地努力去驱散一些私心杂念，并通过慢慢地对自己重复下面的话语来集中温暖你的双臂和双腿：
- 我的右臂和右腿暖和了（重复3遍）。
- 我的左臂和左腿暖和了（重复3遍）。
8. 感受你右臂和右腿的温暖。感受你左臂和左腿的温暖。
9. 活动开始前，集中做放松的深呼吸。
10. 重复下面的句子：
- 我全身温暖而有力量（重复3遍）。
- 我的心率缓慢而平静（重复3遍）。
- 我的呼吸缓慢、深沉且放松（重复3遍）。
- 我的前额凉爽（重复3遍）。

结束

安静地休息，享受你身心的这种温暖而有力的感觉——这种彻底的放松。慢慢地睁开双眼，轻柔地舒展身体，充分地进行深呼吸，花点儿时间来感受这个房间。你应该会感到清醒和精神焕发。

集中于呼吸的快速自生疗法

这种快速自生疗法可以随时随地地进行，你需要片刻的休息来放松，并冷静下来。

开始

专注的坐姿。

提示

1. 当你吸气时，平静地对自己说"我的呼吸温暖而平静"。
2. 当你呼气时，平静地对自己说"当我把气呼出去时，让它带走我所有的担心和忧虑"。
3. 在你多次呼吸时，重复这些句子，直到你感觉放松和平静为止。

结束

多做几次呼吸，并注意你现在的感受，然后再开始下一个活动。

用想象来增强自生疗法

这个活动运用创造性想象来增强你的手和手指的温度与力量。更多的创造性想象活动参见第 4 章。

开始

专注的坐姿。

提示

1. 做几次集中、放松的深呼吸。
2. 坐直，双手手心向上，手指稍微弯曲，自然搭在你前面的物品或桌子上。
3. 假设在阳光明媚的一天，你坐在外面或朝阳的窗旁。想象一缕光线温暖地倾泻在你的双手上。
4. 感觉你的双手越来越暖和。
5. 当你想象阳光正在温暖着你的双手和手臂时，对自己默念"我的双手温暖而有力了"。重复这句话。
6. 在接下来的 3 次放松的深呼吸中，你会感受到你的双手越来越有力量，越来越放松了。
7. 想象一下，你手掌的骨骼、韧带和肌腱，以及你所有的手指都随着这种温暖而变得更加柔软了。
8. 想象一下，你手里正拿着一个温暖的东西，比如一个烤土豆或一个煮鸡蛋。当你的手轻轻举着这个温暖的物体时，手指要稍微弯曲、放松，这样你的手就会格外地温暖而有力。再次对自己说"我的双手温暖而有力了"。

结束

多做几次放松的呼吸，并注意自己的感受。在某些情况下，比如在考试或写论文前，你有可能做这个活动吗？

生物反馈

生物反馈疗法是对体温、脑电波活动、心率和血压等生理过程做认知和反馈的过程。使用不同的压力管理技巧可以改变这些生理过程，以获得促进健康的结果。在生物反馈治疗门诊，训练有素的医生使用仪器来帮助病人获得认知并进行训练，以改变他们对压力的反应。但是，这种诊所的项目治疗费可能很贵。

下面列出了一些简单的工具，你可以用来监控自己的各项生理指标。你可以用这些压力管理技巧来尽力改变这些指标。

- 心率监控器：除了运动员之外，其他人都可以用这个工具来测量心率。假如你没有监控器，也可以自己做一个简单的1分钟心率计数，并随时对心率进行监测。
- 血压计：你可能认识某个有血压计的人，他愿意为你测量血压，并随时帮你监测血压的变化。如果没有，可以到药店买一个电子血压计，或使用你所在学校卫生服务站的电子血压计。
- 体温传感器：把市场上出售的这种皮肤温度计绑在手上，它们会随着流向四肢的血液增加和减少而改变颜色。这些体温传感器很受学生们的欢迎，他们很喜欢看到自己在变得平稳和放松时，体温传感器颜色的变化。

呼　吸

我们每个人的呼吸方式都不一样。呼吸是压力管理的最基本要素，我们的呼吸方式会极大地影响我们的生理和心理功能。当我们沮丧时，就会无精打采，或做短促、低效的浅呼吸，这时身体得到的氧气更少。这样就形成了一个连锁的应激反应，包括血压上升和心率加快，这是因为身体感觉没有得到足够的氧气和营养。我们的呼吸反映了我们的生活：当我们保持一种镇定和放松的专注时，其余的都是背景噪音，而我们可以选择注意或不注意它。

你可能会注意到，安睡中的婴儿是用腹部呼吸的。这是自然的呼吸方式。正常的呼吸频率大约是 12 ～ 15 次 / 分钟。放慢呼吸频率是最有效的压力管理方法之一。

来自下腹部的呼吸利用的是一块叫做膈肌的肌肉。这块肌肉将心脏和肺与消化道和其他器官隔开。当胸部充满空气时，膈肌下降，肺部扩大，充满更多的氧气。呼吸中最放松的部分是呼气。你如果能把注意力放在减慢、延长和平稳你的呼气上，你将学会使用一种最有效的压力管理方法。通过正确的呼吸，身体在吸气时就会变得充满活力，而在呼气时能清除杂质。通过专注、有意识、放松的呼吸，你可以改善自身的血压、心率、免疫系统、脑电波、消化，甚至睡眠方式。

> **@ 网络链接**
>
> 生物反馈疗法
> - 生物反馈疗法资格认证国际联盟：你可以在该网站上搜索有资质的生物反馈疗法医生。www.bcia.org/i4a/pages/index.cfm?pageid=1
> - 皮肤温度传感器：这种市面上出售的仪器，通过使用位于皮肤上的小圆点提供生物反馈。圆点的颜色会随着你放松或压力增大而改变。www.biodots.net

当你处于下面这几种情况时，可以使用呼吸压力管理方法：

- 在交通灯下等待时
- 考试前
- 体育赛事前
- 感到沮丧或不耐烦时
- 在开始一项艰巨的工作前

这里列出了一些有助于充分利用本章中的呼吸活动的提示：

- 熟能生巧。呼吸看似是一种本能，但我们中有许多人并不知道如何进行健康的呼吸——我们呼吸表浅，姿势颓然。

坐直会让你比弯腰驼背时呼吸更深。试试看，它会让你感觉更好！

- 如果本书中有任何提示或建议让你感到不舒服，请根据你自己的需要去修改它。这是你自己的练习。
- 千万不要强迫自己用力呼吸。尽量保持舒适和放松。通过练习，呼吸将会延长并加深。
- 放一个定时器。从 5 分钟开始，然后慢慢增加时间。

数到 10

当问学生们他们需要做多少次呼吸才能变得平静和注意力集中时，许多学生说"10 次"。

开始

专注的坐姿。

提示

1. 轻轻地闭上嘴和双眼。
2. 开始进行放松的呼吸——腹式深呼吸。
3. 在你下一次吸气时，在脑海中想象并对自己说数字"1"，同时尽量轻轻地深吸气。
4. 在你呼气时，集中注意力，并再次对自己说数字"1"。
5. 在做下一个呼气、吸气时，集中于数字"2"。
6. 重复想象，并安静地说出数字，直到你说到数字 10 为止。
7. 如果你发现自己分心了，就做深呼吸，并再从数字"1"开始数。
8. 尽量不要把从 1 数到 10 当成一项任务。每次呼吸都要感觉到注意力集中和放松。

结束

慢慢回到你坐着的那个房间里。轻轻地摆动你的手指和脚趾。伸展一下身体，并花些时间注意一下自己做完这个练习后的感受。

放开式呼吸

这个活动有助于将呼吸的焦点从肺的上部转移到下腹部，因为肺的上部较浅，由于缺氧，会导致更多的应激症状。当进行这种呼吸时，我们使用了膈肌。这个动作刺激迷走神经，致使副交感神经系统活跃，让我们能休息和消化食物，帮助我们恢复身体的基本功能，比如制造免疫细胞。

开始

专注的坐姿。

提示

1. 做一些使用膈肌的呼吸：呼吸进入下腹部，然后进入肋骨区，接着进入胸部。做 3 次深入的使用膈肌的呼吸——舒服、缓慢地深呼吸。

2. 集中于呼气，在你下次呼气时做"放开式呼吸"——叹气，让你的身体深陷在椅子里或地板上，然后放松肩膀和颈部周围的所有肌肉。让所有的紧张、忧虑，以及你脑海中的任何想法，都随着你真诚的努力而释放出来吧。

3. 自己尝试做更多的放开式呼吸。

结束

当你准备好时，将自己的意识带回到外部世界，但同时注意要保持你通过释放而获得的轻松和平静的感觉。你的生活中是否有可以运用放开式呼吸的情况？

打开喉咙

当我们感到焦虑时，喉咙就会发紧；这种情况会因不良姿势而加剧。此外，颈部、肩部和喉咙周围都承受着大量的压力。这个活动会帮助你缓解这种紧张。

开始

这个活动可以坐着完成，也可以挺直腰板站着完成。

提示

1. 轻微地活动你的颈部、喉咙和头部区域，帮助自己放松。尝试做几次耸肩和旋转活动。

2. 慢慢地放下你的下颌，使其贴近胸部，并用下颌在胸前做半月形轨迹的转动。然后让头部缓慢地回到中间位置。

3. 慢慢看向你的右肩，深吸一口气，保持这个姿势。在下次呼气时，释放你右肩和颈部周围的紧张感。现在，将下巴轻轻地抵在胸前。深呼气。

4. 慢慢看向你的左肩，深吸气，并保持这个姿势。在你下次呼气时，将左肩和颈部周围的紧张感都释放出去。现在，将下巴轻轻抵在胸前。深呼气。头部回到中间位置。

5. 回到你最初的状态（坐着或站着）。用你的鼻子慢慢地画圆圈，就像在你面前的黑板上慢慢地画一些大椭圆一样；让头部保持在你两肩的前面，不要向后仰。

6. 将你的双肩提向耳朵，然后松开肩膀，同时发出"哈"的声音。做2遍以上这个动作。

7. 在下次吸气时，打个哈欠，深吸一大口气。注意喉咙放松和张开的感觉。呼气时，慢慢地发"哈"的声音。试着在说"哈"的时候，头向后仰，脖子伸长，下颌向胸部收，头在肩膀上面。哪种姿势会使喉咙放松和张开？

结束

多做几次放松的呼气，让"哈"的声音像一种深深的、满足的叹息，好像声音是从你喉咙里飘出来的一样，平稳而放松。

在呼吸练习的同时祷告

祷告是一段简短、富有正能量的话语，它能帮助你将注意力集中在呼吸上。

在这个活动中,你要尽量延长呼气的过程,这是呼吸中最放松的部分。

开始

专注的坐姿。

提示

平静地对自己说下面的祷告文。

1. 吸气时:吸气,我知道我在吸气。
2. 呼气时:呼气,我知道我在呼气。
3. 吸气时:吸气,我让自己平静下来。
4. 呼气时:我微笑着呼气。
5. 吸气时:吸气,我知道这是一个完美的时刻。
6. 呼气时:呼气,我知道这是唯一的时刻。
7. 吸气时:在我的 _____ 让我感到紧张。
8. 呼气时:我释放了紧张。
9. 吸气时:我在这里。
10. 呼气时:放松。

注意个别的单词或短语是否能使你产生共鸣,并帮助你保持放松的呼吸。在你继续练习这种呼吸时,把它们用做你自己的祷告语。

结束

回到你原来的位置,在进行下一个活动前做几次深呼吸。

全身呼吸

在这个活动中,不只是肺部,整个身体都要进行放松呼吸。

开始

专注的坐姿。

提示

1. 感觉你的脚踩在地面或地板上。想象当你吸气时,你的脚正在吸收温暖的气体,并感觉这股暖流绕着你的脚踝、小腿和膝盖旋转上升。就地歇息一会儿,深吸一大口气,然后轻轻地把它呼出。

2. 在你下次吸气时,感觉吸入的暖气一直旋转上升到你的膝盖。现在,让气体沿着你的大腿和臀部向上升。感觉空气继续通过你的腹部和胸部向上移动,进入你的后背,充满你的整个核心部位。做一次深呼气。

3. 做一次放松的深吸气,接着把气呼出来,休息。在你下次吸气时,想象温暖的气体进入你的指尖,进而上升到你的手臂,你的颈部和肩膀周围充满了温暖的气体。感觉轻柔温暖的气体浸透了你的头骨、大脑和脸。

4. 想象温暖的气体充满了你的全身。

结束

做一次深呼吸,慢慢将意识带回到你所在的房间。慢慢地伸展身体,打个哈欠，打开你的身体。享受你带来的身、心放松。

花 3 分钟

这个活动给你 3 分钟休息时间来专注并了解正在发生的事情，也给你时间去呼吸。

开始

专注的坐姿。

提示

1. 第 1 分钟：注意并了解正在发生的事情。你在想什么？你的身体感觉如何？你情绪上感觉怎样？
2. 第 2 分钟：将你的注意力转到你的呼吸上，并集中在那里。
3. 第 3 分钟：以一种放松和平静的方式进行全身呼吸。

结束

3 分钟休息时间到了，将意识带回到你的房间，然后以新的活力和专注力开始下一个活动。

唤醒式呼吸

这个呼吸活动很适合让人们清醒和充满活力。其采用的姿势可以帮助你练习和感受如何使用膈肌。

开始

专注的坐姿。

提示

1. 闭上嘴，通过鼻孔深深地吸进一大口空气。
2. 呼气时，通过鼻孔以快速、短促的爆发方式释放气体。通过快速向脊柱方向移动你的肚脐来加强膈肌的收缩。看看在你需要再次吸气之前，是否能呼气 3~4 次。
3. 用鼻孔深吸一口气。
4. 呼气时，身体前屈，将上身靠在大腿上，同时张开嘴，将你肺部的所有气体全部呼出去，把肚脐拉向脊柱。
5. 慢慢地坐直身体，然后做几次放松的呼吸。
6. 继续这个循环，先深吸气，在呼气时努力做 8~10 次短促的爆发式呼气，然后身体前屈充分地呼气。

结束

以婴儿式坐姿（髋部折叠，上身靠在大腿上，手臂放松地垂在身体两侧，或搭在你的膝盖或小腿上）休息片刻。

三角式呼吸

在这个活动里,想象你的呼吸就像一个三角形图像,在三角形的底边上你的呼吸是最大的,这个三角形与你的躯干重叠。

开始

专注的坐姿。

提示

1. 想象一个大三角形与你的身体躯干重叠。
2. 三角形的底边与你的"安全带"肌肉重叠。想象呼吸深深地进入并到达三角形的底边,充满了你躯干下部的前方和后方。
3. 让你的呼吸慢慢地填满三角形的两边,一直到达三角形顶部你喉咙的位置。
4. 首先从心脏处开始,慢慢地呼出气体,然后是肋骨区域。通过将你的肚脐拉向脊柱,让气体从下腹部缓慢而舒服地呼出。
5. 继续练习三角式呼吸。

结束

舒服地休息一会儿,享受一下使用这种放松呼吸法的效果。

鼻孔交替式呼吸

据说这个活动需要使用大脑两侧半球。在练习并进入这种呼吸节奏之后,许多学生发现,在完成像家庭作业或考试这样的艰巨任务之前,他们最喜欢做的就是这个活动。要适应这个呼吸练习的节奏需要花几个周期,但当你习惯了之后,你会发现自己变得更加清醒和精力充沛了。

开始

专注的坐姿。

提示

1. 用右手的拇指和食指(或中指)轻轻压住一只鼻孔,同时通过另一只鼻孔慢慢地吸气和呼气。
2. 在用右鼻孔慢慢吸气的同时,用左手的食指压紧或封住你的左鼻孔。
3. 慢慢放开左鼻孔,并用左鼻孔呼气,同时用拇指捏住或压紧右鼻孔。
4. 压紧右鼻孔,通过左鼻孔吸气;然后放开右鼻孔,同时用食指压紧左鼻孔,用右鼻孔缓慢地把气呼出来。
5. 多重复几次这个过程,以掌握每个鼻孔交替吸气和呼气的窍门。

变化练习

这里的变化练习是指你可以用大脑去想象堵住每个鼻孔,而不用实际做这个动作。掌握这个技巧需要些耐心,但好处是在教室或公共场所也可以很容易地采用,而不会有人知道你在干什么!

结束

在你安静地坐着时,做几次自然的呼吸,并注意练习鼻孔交替呼吸后的感受。

健康的饮食

压力支配着我们的饮食习惯;它影响我们吃多少,什么时候吃,以及吃什么。我们可能不知道,身体和大脑都需要一样东西——燃料,这样它们才能工作。压力也会对我们的营养状况产生强烈的影响,即影响消化和吸收营养物质的过程,以及排除毒素和废物的能力。在压力下,消化功能会减弱,排泄也会受到干扰(比如腹泻或肠易激综合征)。当我们行事匆忙而不注意所吃的食物时,很可能会吃得过多,并且不能充分地咀嚼食物以达到最佳的消化效果。

胃肠道具有大量的神经元和神经传导物质,比如血清素。肠道神经元是如此之多,以至于被称为"第二个大脑"(Gershon, 1998)。传统的被称为阿育吠陀医学的印度医学体系注重营养和消化(National Center for Complementary and Alternative Medicine, 2009)。与此同时,大多数美国医学生在他们的必修课程中只接受了很少的营养学教育(Adams, Kohlmeier, & Zeisel, 2010)。此外,数量惊人的商业广告宣称,营养不良和消化问题是正常人类经历的一部分。这些信息可能会强化这种观念,即暴饮暴食是一种文化范畴的事情。

实际上,那些可能导致应激反应的食物被称为"伪压力源"(Greenberg, 2008, p.84)。我们往往渴望那些刺激我们的身体进入战斗或逃跑反应的食物;在大多数大学里,加工食品、糖、酒精和咖啡因等是罪魁祸首。当人们食用了这些食物时,身体会感觉更好,那是因为血糖和血清素水平升高了。因此,当血糖和血清素水平上升时,身体会出现应激症状,比如心率加快和血压上升。当血糖水平开始下降时,身体会渴望得到任何能增加快感或能量的东西,就像坐过山车一样,开始寻找更多的能改善情绪和能量水平的物质——"伪压力源"。有时还因存在应激反应、应激激素、血压上升和心率加快,使情况变得更糟,从而使身体处于一种非稳态负荷的恒定状态。

咖啡因

咖啡因是一种自然存在于咖啡和巧克力中的物质,并添加到许多产品中,比如软饮料和止痛药。它是一种通过使心率加快和血压上升来刺激交感神经系统的药物。根据杜克大学咖啡因专家 James Lane 的研究,由咖啡因所致的血压反复升高和应激反应可能会使成年人患冠心病的风险增加(Lane et al., 2002)。此外,咖啡因导致肾上腺分泌肾上腺素,从而促使肝将储存的糖分释放到血液中;反过来,胰腺必须释放胰岛素来平衡不断上升的血糖。根据 Lane 的大量研究,咖啡因扰乱了葡萄糖的代谢，从而导致糖耐量受损。摄入咖啡因所引起的葡萄糖水平的升高还会导致情绪波动，这是因为身体要先适应升高的葡萄糖水平，然后再适应骤降的葡萄糖水平。随着这种效应的逐渐消失，情绪、精力和注意力水平又开始像过山车一样起伏不定。

精制糖

碳水化合物是最重要的营养素之一。这种物质提供能量，细胞才能工作。碳水化合物经过消化，产生蔗糖，最后变成葡萄糖，吸收入血后被细胞利用。蔗糖的利用速度取决于所吃的碳水化合物种类。复合碳水化合物的加工程度很低，且仍处于一种复杂的化学状态，比如蔬菜，身体需要花更长的时间才能将它分解为葡萄糖，而单一的碳水化合物则不然。因此，含复合碳水化合物多的食物其葡萄糖释放到血液中的速度更慢，也更均匀。假如复合碳水化合物也富含纤维（比如 100% 的全麦面包），或与脂肪或蛋白质一起被食用的话，那么葡萄糖这种缓慢的释放可能会进一步延长。而经过加工或提炼的糖，在食用前都要进行处理。简单碳水化合物的例子是从甘蔗中提炼出的白糖和从玉米中提炼出的高果糖玉米糖浆。

根据 Marion Nestle（纽约大学营养学、食品研究和公共卫生学系 Paulette Goddard 教授，以及社会学系教授）的研究，精制糖广泛存在于加工程度最高的食品中，特别是软饮料。这些精制糖迅速地被血液吸收，从而导致血糖快速上升。为了保持稳态或平衡，身体会通过释放胰岛素来帮助葡萄糖从血液中退出并进入细胞。当身体为了达到稳态而努力时，高水平的血糖随即迅速下降，从而导致低血糖症，或血糖降低。低血糖症常见的副作用是偏执、焦虑和头痛。

> **@ 网络链接**
>
> **咖啡因**
> - 公共利益科学中心（CSPI）：该公益组织是提供无偏见营养信息的宝贵资源。其双重任务是"开展健康和营养方面的研究和宣传项目，并为消费者的健康和幸福提供正确、实用的信息"。www.cspinet.org/about/index.html
> - 公共利益科学中心咖啡因图表：能量棒、功能饮料、巧克力，甚至某些治疗头痛的药物都含有咖啡因。你可以查看公共利益科学中心咖啡因图表来了解食物、饮料和药物中的咖啡因含量。www.cspinet.org/new/cafchat.htm
>
> **营养学**
> Marion Nestle 是营养学和政治学领域里的一位杰出导师，可以指导我们该如何吃，以及吃什么。www.foodpolitics.com/about

当我们食用经过高度加工的糖，同时还处于一种压力状态时（例如，边驾驶边进食），释放的应激激素，比如皮质醇，会干扰我们的消化，进而造成进一步的非稳态负荷。当压力持续时，皮质醇会抑制身体产生足够量胰岛素的功能。结果使身体产生对胰岛素的抵抗，经历异常的血糖水平，并最终发展成糖尿病。最重要的是，食用经过高度加工的食物会让你的身体得不到所需的营养来保证健康并抵抗疾病。

精制糖有许多名字，包括高果糖玉米糖浆、蔗糖、乳糖、葡萄糖、蜂蜜、转化糖、麦芽糖浆、麦芽糖、原糖、糖浆、甜菜糖、食糖、红糖、黄糖，以及玉米糖浆。在食品标签上查看一下它们。

酒精

当我们用"酒精"这个词时，指的就是乙醇，一种有机物。它是通过发酵和蒸馏含有葡萄糖的物质，比如玉米、葡萄和谷物而制成的产品。葡萄糖产品经过提炼后，能量密度会变得非常高。实际上，每克酒精所含的热量几乎和脂肪一样多（每克酒精含7卡路里热量，而每克脂肪含9卡路里热量）。因此，喝酒时很容易在短时间内摄入大量热量。还有一个问题是，通常酒精饮料里掺有许多精制糖，这两种物质的混合确实会给过重的身体带来压力。含糖的酒精饮料给肝（代谢酒精）和胰腺（处理过多的血糖）带来了负担。

下面列出了饮酒的副作用（American College Health Association，2011）：

- 身体症状：恶心、脱水、睡眠不良、肠胃不适、头痛
- 行为：争吵、缺乏判断力、没有动力、学习成绩差、旷课、无法集中精力学习或上课

下面列出了一些关于酒精的事实（U.S. Centers for Disease Control and Prevention，2012）：

- 豪饮者最多的年龄组是18～34岁。
- 大多数酒驾司机都大量饮酒。
- 大多数豪饮的人并不是酒精依赖者或酗酒者。
- 半数以上的成年人饮酒是豪饮。
- 90%以上的青年人饮酒是豪饮。

许多学生发现，酒精有助于他们放松或缓和下来。酒精对身体的药理作用或药物效应只相当于一种镇静剂。酒精对每个人的影响程度取决于许多因素。发表在《酒精中毒：临床和实验研究》上的一项研究（Childs, O'Connor, & de Wit, 2011）显示，尽管酒精会减少身体对压力的激素反应，但同时也会延长对压力源的主观负面体验。研究还显示，压力会降低饮酒时的愉悦感。Childs及其同事认为，这些结果提示，压力和酒精之间的这种复杂的"双向"交互作用可能会导致更多的饮酒、酒精依赖，或二者兼有。

因为酒精是一味镇静剂，所以学生们会对它产生一系列不健康的反应，包括抑郁、焦虑、自杀想法、不明智的决定等，如危险的性行为、暴力行为，或易于

遭受意外或故意伤害。酒精是一个令人担忧的压力源，因为它降低了神经递质的活性，从而减少了大脑的活动。因此，过度饮酒，比如狂饮，会产生与其相关的一系列压力源：当每周的饮酒次数增加时，学习成绩就会下降，暴力和性侵犯事件就会增加；此外，经历其他的健康问题的风险也就会增加，比如性传播疾病和非意愿性怀孕。

下面是减少酒精滥用风险的一些建议：

- 避免参加俱乐部活动或聚会前在家饮酒。避免去一些有饮酒习惯的地方，比如啤酒聚会、赌场，或"女士免费饮酒"的夜总会和酒吧。
- 了解你在什么场合下能喝多少酒——知道你自己酒量的极限。
- 在你感到特别想用饮酒来解决问题时，尽可能使用其他的压力管理方法，比如与一位好的倾诉对象一起散步或进行体育活动。
- 尊重其他人不喝酒的权利，坚持自己不喝酒的选择。
- 少带钱去酒吧，承诺不借钱或不使用你的 ATM 卡。
- 饮酒时一定要吃东西并喝水。
- 自我调节，在含酒精的饮料与水或其他非酒精饮料之间切换。
- 带你自己的水杯去参加聚会。不要说自己喝的是什么，但是你会拿着喝的。
- 了解混合型酒精和功能饮料，或其他的药物，包括非处方药和处方药。
- 敬告你的朋友使用代驾司机，并保证你也会这样做。代驾司机根本不许喝酒。
- 如果喝酒的人变得反应迟钝，你就要采取行动。不要拖延时间并指望这个人会摆脱痛苦，拨打 911 电话。
- 考虑其他的社交方式，并且与一些不喝酒的朋友们聚会。例如，一些学校已经设立了"不一样的春假"，让学生们自愿和他们的同学一起完成一个服务项目，而不是去一个地方浪费时间。

水合作用和脱水

水合作用和脱水也会影响我们的健康。水摄入专家组发布的一篇报告（Institute of Medicine，2005）显示："脱水或身体缺水不利于身体在受到扰乱时（比如生病、体育锻炼，或气候不良压力）保持体内平衡，并会影响身体各项生理功能和健康"（p.4）。脱水会导致头痛、头昏眼花和意识模糊。尽管充足的水合作用因人而异，但充足的水分有助于身体发挥最佳的功能。了解你身体里的水分是否充足的一个办法就是检测你的尿液。尿液应该呈苍白的柠檬水样颜色。查看尿液颜色图请登录网站 www.navyfitness.org/nutrition/noffs_fueling_series/hydrate/。

重要的酒精和毒品调查统计

"重要的酒精和毒品调查"是美国目前实施的最大规模的大学生成瘾行为调查，在两年制和四年制的大学生中进行了有关酒精和其他毒品的使用情况、态度和认知等情况的调查。下面是关于饮酒行为的一些重要结果：

- 在过去 1 年里，有 81.7% 的学生饮过酒。
- 在过去 30 天内，有 68.3% 的学生饮过酒。
- 有 62.4% 的未成年学生（21 岁以下的青年人）在过去 30 天内饮过酒。
- 43.1% 的学生报告在 2 周前曾过量饮酒。过量饮酒被定义为在一顿饭间饮酒超过 5 次。

下面是有关使用非法毒品的一些重要结果：

- 在过去的 1 年里，有 30.2% 的学生使用过大麻。
- 目前，有 17.2% 的学生在吸食大麻。

以下报道的是在过去 1 年内，由饮酒或吸毒而导致违法行为的情况：

- 34.8% 的学生报告了一些不端的公众行为（比如与警察发生纠葛、打架、酒后驾车和破坏行为）。
- 22.7% 的学生报告了经历过一些严重的个人问题，比如：有自杀的想法或试图自杀、伤人或受到伤害，试图戒酒或戒毒但失败，以及性侵犯行为。

经允许摘自 Core Institute, 2009, *Core Institute Core Alcohol and Drug Survey Executive Summary Report* (Carbondale, IL: SIUC/Core Institute).

你可以通过下面这些行为保证自己摄入了充足的水分：

- 多喝水（白水应该是你的第一选择）。
- 避免饮用含有过多咖啡因或过多热量（或二者兼有）的饮料，比如液体替代饮料和高脂肪含量的咖啡饮料。
- 在炎热或潮湿的环境中，如果你在户外或正在进行体育活动，或二者兼有的话，别把口渴作为你喝水的晴雨表。在整个活动和一天中都要不断地主动饮水。

当身体脱水时，就会变得紧张并进入战斗或逃跑的应激反应状态，有损健康。我们中的许多人常常对压力信号做出错误的判断，并且当身体实际上需要补充水分时，却去获取食物。

压力性进食

压力性进食在大学生中很普遍。当身体经历应激状态时，首要考虑的是生存。身体通过将葡萄糖（也称血糖）和脂肪释放到血液中，以满足战斗或逃跑的应激状态下身体所需的燃料。大脑运行靠葡萄糖或血糖提供动力。皮质醇和其他激素共同协作来分解脂肪和碳水化合物，作为额外的能量来源。这时，身体会首先降低食欲，增强警觉性，从而为行动做好准备。威胁消失之后，皮质醇会执行它的第二项功能，就是让身体恢复到平衡状态或应变稳态。它会发送增强食欲的信号，以补充在战斗或逃跑状态下燃烧掉的碳水化合物和脂肪，从而达到上述目的。假设身体刚完成了一次体力活动（比如逃离捕食者），就必须补充这些能量储备——即使并未真实发生这种情况，也必须补充这些储备。皮质醇就是这样影响体重的。

斯坦福大学生物学家 Robert M. Sapolsky（2004）的研究表明，升高的皮质醇水平不仅增强饥饿感和食欲，而且还产生葡萄糖。当葡萄糖不被使用时，就以脂肪的形式被储存起来，使体重增加。所以，可悲的事实是，你可能仍然坐在你的车里或办公桌旁，一直怒气冲冲、压力重重，吃着大量身体不需要的碳水化合物或高脂食物，并因此储存为体脂，增加肥胖风险。

慢性压力可能会导致皮质醇和其他激素的过度释放。如果应激反应持续，激素水平就会不断要求燃烧能量，导致血糖水平下降。当这种情况发生时，就会出现一种被称为觅食行为的现象。为了生存，身体就会去寻找最佳的食物：高脂和高糖食物。当我们食用这些食物时，身体就会分泌血清素，一种让我们感到镇静并停止释放皮质醇的物质。如果我们仍持续紧张，或不能处理任何给我们带来压力的事情，那么这个循环就会重新开始。图 2.1 描述了这个循环是如何持续存在的。

储备一些健康的零食，如水果和蔬菜，这样你就能为身体提供健康的维生素和营养物质。如果你发现自己有压力性进食问题，这些现成的健康食品将帮助你避免控制不住地去吃一些垃圾食品。

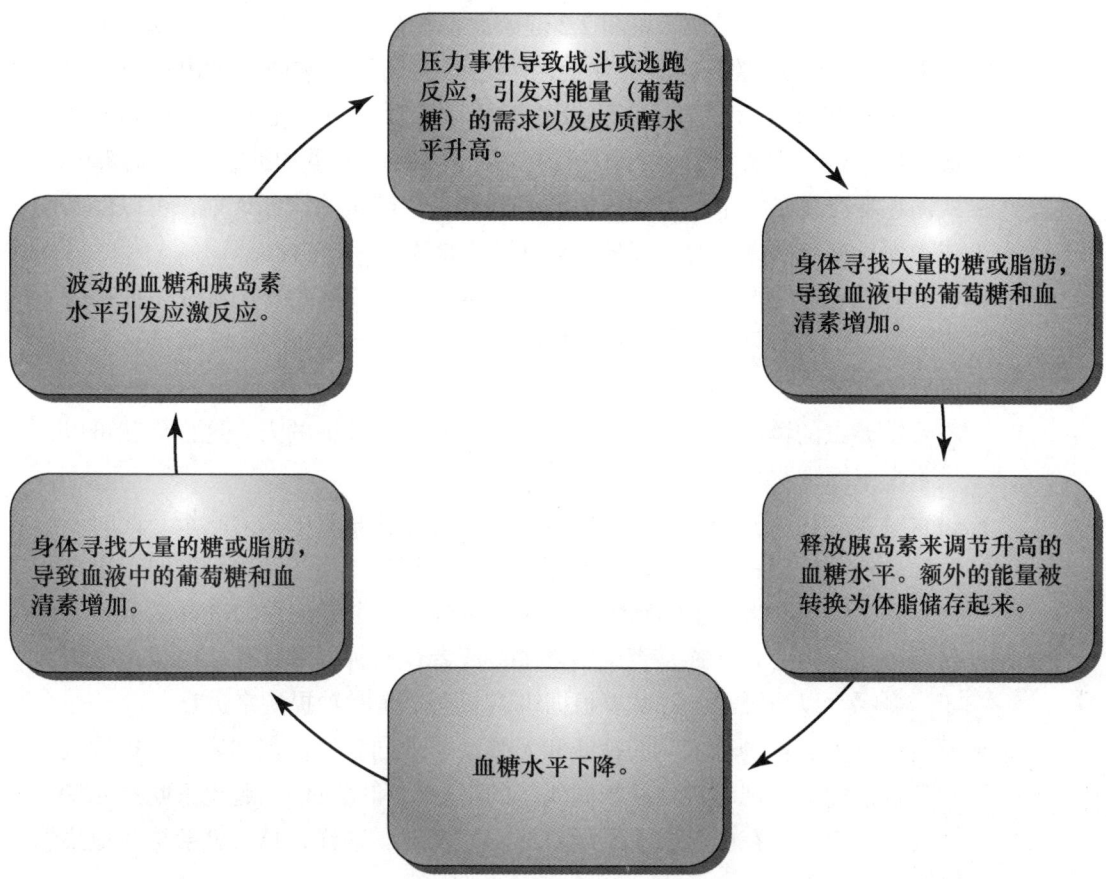

图 2.1 压力 / 压力性进食循环

你可以采取下面这些对管理压力性进食有益的步骤。

- 如果你是一个压力性进食者，就要提前做计划，这样你就不会为获取食物而变得不知所措。下面是一些你能做到的具体事情：
  - 上学或工作期间，带一些健康的小零食以保持你的血糖水平稳定。
  - 紧张工作之后（比如完成家庭作业后）休息片刻和外出散步；做一件自己爱好的事情，比如弹钢琴或玩电子游戏。
  - 删掉你购物单中不健康的零食，这样你就拿不到它们了；找一些你喜欢吃的健康零食。阅读食品标签，了解食物的成分。
  - 进行一项放松的活动，比如听一些轻音乐或做一些瑜伽体式。
  - 当你感到不知所措时，找一位"了解压力的朋友"聊聊，他们会帮你履行承诺，不进行压力性进食。
- 如果你想在紧张时不吃东西，那就一定要选择一些健康的食物来保持你的能量储备，比如橄榄油这种有益心脏健康的脂质，瘦肉、低脂或无脂乳制品、豆类和豆科蔬菜等高质量蛋白质来源的食物，以及像绿叶蔬菜和全麦食物这种富含膳食纤维的食物。
- 享受由优质蛋白质、复合碳水化合物以及蔬菜和水果组成的分量较小的、间隔合适的正餐和零食（见图 2.2 健康饮食餐盘）。食用杏仁等健康零食。
- 减肥也会产生应激反应。身体会因为感受到饥饿的威胁而做出反应！少吃、餐间间隔合适、选择高质量的正餐和零食是一种比节食好得多的做法。从长远来看，节食是行不通的，并且不断的增重和减重的"溜溜球"式循环本身就是一个巨大的压力源。制订一个健康的饮食计划，可以使其成为你长期生活方式的一部分。允许适度地犒劳一下自己。
- 听从你自己的身体。如果你想吃一些好吃的，你能否把它当做一种犒劳少吃一点儿，而不是像一顿正餐那样吃很多？能否只吃几口满足一下就可以？
- 不要受馋虫的诱惑轻易进食，而是要去找一位可倾诉的人，这样你就可以用不吃东西来奖励或安慰自己。
- 进食时要专注：安静地进食。安静进食的意思就是集中精力吃饭，此时不要做其他分散注意力的事情，比如看电视或开车。当注意力分散时，很难注意到吃饱了和满足了的感觉。第 4 章包含了一个专注性的进食活动。
- 练习等待。扪心自问你是否确实饿了，或者让时钟提醒你什么时候该吃饭了。多喝水以防脱水，并试着根据饥饿感而不是时钟提醒来进食。
- 不要让诱人的食物进入你的视线和大脑。要求同学、伴侣和家人不把垃圾食品带进屋里。把垃圾食品当做偶尔的享受。和朋友们一起出去吃点儿特色食品，而不是在电脑前漫不经心地吃冰淇淋。这样，精力就会更多地集中于社交方面了。
- 吃低脂或无脂的优质蛋白质；你需要蛋白质产生激素和酶，并生成和修复细胞。

蛋白质

食用太多的蛋白质也会给身体增加负担，因为身体没有能力储存过多的膳食蛋白质。这种蛋白质要么被转化成葡萄糖或储存的糖原，要么被转化成体脂。这个过程产生的副产品必须通过汗液和尿排出，因此会导致身体脱水。人们一般需要摄入多少蛋白质？答案因人而异。19～70 岁的女性一般的推荐量是每日 46 克，而 19～70 岁的男性一般的推荐量是每日 56 克（U.S. Centers for Disease Control and Prevention，2011b）。孕妇、手术恢复期的患者或进行剧烈肌肉活动的人（比如举重运动员），将需要更多的蛋白质。

碳水化合物

碳水化合物是基本的营养物质，它为细胞行使功能提供必需的能量。但并不是所有的碳水化合物都一样。食物的升糖指数（GI）是反映某种食物引起血糖水平上升速度的一个指标，其范围为 1～100。低升糖指数食物是加工食品或高糖食品的一个很好的替代品。GI 低于 50 的食品，比如全麦谷物（GI=42）和黑豆类食物（GI=30），需要一段时间去消化，因此，食用后血糖上升缓慢。选择这些食品要比选择升糖指数高于 70 的食品好得多，后者比如高糖早餐谷物 Coco Pops（GI=77）或油炸甜甜圈（GI=75）。当高 GI 食品与低脂蛋白质食品同时食入时，其升糖指数可降低，比如与鸡蛋和鸡肉同食，这是因为这些食物需要较长的时间才能消化。

惯于食用高 GI 食品可导致慢性炎症反应（Bosma-den Boer，van Welten，& Priumboom，2012），这个反应会增加非稳态负荷。另外，如果身体没有得到足够的碳水化合物，它将会使用膳食或肌肉中的蛋白质来生成血糖。要记住，大脑和神经系统使用葡萄糖来执行其功能。因此，当身体使用非碳水化合物资源，比如蛋白质去生成葡萄糖时，这个过程（即糖异生）会给身体带来大量的负担，因为这是一种低效生产葡萄糖的方法。这个过程的副产品也会给身体带来压力。其中一种有害的副产品就是在身体酮水平升高时产生的；当肾过滤出这些有害的含酮物质时，可能会形成肾结石。

维生素和矿物质

维生素和矿物质可以作为催化剂，让我们的身体利用碳水化合物、蛋白质、脂肪和水这些其他的营养物质来完成生物功能。在压力状态下，身体无法将钙吸收到肠道里。其他重要的矿物质，比如铜、镁、钾和锌，也不被人体吸收。因此，身体必须用它自身的储存钙（在骨骼里）去行使需要这种矿物质参与的功能。这就会导致身体出现骨质疏松症、骨骼结构脆弱甚至骨折。所以，我们不仅需要从每天食用的各种健康食物中（特别是新鲜的水果和蔬菜）吸收足够的维生素，还需要调控压力，以保证那些维生素得以适量地吸收。

下面是有关维生素和矿物质的一些事实和提示，以及它们在压力下发挥的作用。

> **@ 网络链接和资源**
>
> **专心进食**
> - 专心进食中心：这是有关专心进食的最新研究和信息的一个大资源库。www.tcme.org
> - Albers, S. (2006). *Mindful eating 101: A guide to healthy eating in college and beyond.* New York: Routledge Taylor Francis Group
>
> **升糖指数**
> 这些链接将帮助你计算食物的升糖指数。
> - 营养和饮食学会。该组织提供合理的营养咨询和信息。www.eatright.org
> - 哈佛医学院：这个网站列出了 100 多种食物的升糖指数。www.health.harvard.edu/newsweek/Glycemic_index_and_glycemic_load_for_100_foods.htm

维生素、矿物质与压力

- 维生素没有热量，因此不能提供能量。其功能是预防疾病，调节机体的生化过程，并帮助身体利用重要的营养素。当身体处于压力下时，会分泌皮质醇，这个过程需要维生素。巨大的压力可能导致身体复合维生素 B 和维生素 C 耗尽，从而产生焦虑和抑郁症状。
- 矿物质也不提供能量，其作用是调节身体机能，组成硬组织和软组织结构（如骨骼）。大量的矿物质来源于绿叶蔬菜、全谷类、豆类、草莓和柑橘类水果！再说一遍，就像维生素一样，保证我们获得最佳营养物质的最好的办法是不仅要吃健康的食物，还要坚持进行压力管理。
- 当服用的复合维生素 B、维生素 C、钙、钾、锌和镁由于应激反应或尿液过多而被身体排出不被吸收时，这些维生素的好处就会消失。你猜对了，咖啡因和酒精会影响这些营养物质的重吸收！
- 适量的黑巧克力含有保护细胞免受压力和炎症影响的植物化学物质。植物化学物质使皮质醇水平降低。耶鲁大学医学院预防研究中心主任 David Katz 建议食用适量的黑巧克力，每周 2 盎司多一点儿（57 克）或几小块儿（Katz, Doughty, & Ali, 2011）。
- 坚果和种子含有欧米伽-3 脂肪酸，这种物质能改善情绪、减轻炎症，还含有维持大脑功能的褪黑素。一份坚果或种子是 0.5 盎司（15 克），或一汤勺花生酱（U.S. Department of Agriculture, n.d.）。要记住，每日合理的蛋白质摄入量为 1 盎司（30 克），推荐的蛋白质摄入上限是每天 5～7 盎司（150～200 克）。

均衡的营养

最近，美国政府采取了一种被称为"选择我的餐盘"的新营养信息图（见图 2.2），你可以用它来制订自己的健康饮食计划。我们都能做出更好的食品选择，而不用给某些食品贴上"不好"的标签。吃所谓不好的食物总会让你觉得自己是个坏人。当人们痴迷于他们必须吃或不能吃的食物时，就会形成失调的饮食习惯。为了保证健康的饮食，我们需要吃健康的食物来滋养自己，适量的饮食和享受食物有助于我们保持最佳的健康状态。尽量多选择全谷物、优质蛋白质以及新鲜的水果和蔬菜。

@ 网络链接

营养学
- 美国农业部："选择我的餐盘"网站。该网站提供更多有关每日营养需求的信息。www.choosemyplate.gov/food-groups/downloads/TenTips/DGTipsheet6ProteinFoods.pdf
- 美国国家卫生研究院的 DASH 饮食计划（降低高血压的饮食方法）：这是一个灵活的饮食计划，研究发现它在降低血压方面很成功。www.nhlbi.nih.gov/health/public/heart/hbp/dash/new_dash.pdf

图 2.2 美国农业部的"选择我的餐盘"
源自 USDA's Center for Nutrition Policy and Promotion.

记录饮食日志

了解自己饮食最有效的方法之一就是写饮食日志。最成功的减重项目,比如慧俪轻体中心用的就是这种方法。在线应用程序还会让这项工作更容易。

开始

寻找一种方法准确地记录你食用和饮用的每一样东西。

提示

1. 记录你 1 周内食用和饮用的每一样东西(份量很重要!)。还包括你进食的时间、你饥饿的程度,以及你的感受(比如紧张或匆忙,以及你是否专心地进食)。

2. 看一下你 1 周的情况,并圈出你看到的任何问题。采用集体讨论的方法去解决这些问题。例如,如果你注意到自己喝了许多含糖咖啡,而且下午总是吃甜点,那么你是否可以考虑一个替代物,比如散步、喝凉茶或吃半份食物?

3. 开启健康的饮食。下面这些想法可以帮助你迅速开始你的健康饮食行动。把它们看做是提升你意识的实验,然后考虑向更有益于健康的习惯逐步靠近。这样做的目的是把你每周通常吃的食物的基线记录下来。然后,认真地看一下,为接下来的两周设定一个挑战,看看进展如何。用这个实验来关注你选择更健康的食物时的感受,以及你的压力水平。

- 通过日志得到你 1 周喝咖啡或摄入咖啡因的基数。然后,设定一个挑战,以减少你喝咖啡或摄入咖啡因的量。
- 获得你的糖摄入量的基数。这可能涉及你 1 周消费的所有食物和饮料的记录,然后确定你食用的精制糖的数量。留意一下商店里买来的曲奇和松饼、苏打水以及加糖的谷物或咖啡。像侦探一样找出你饮食中隐藏的糖分,并设定一个目标,减少特定数量的糖食用量。

- 记录你喝饮料的基数，包括橘汁、苏打水和水。一个值得关注的方面是酒精的摄入，但要注意的是，当我们过度饮酒时，往往会忽略这点。
- 不吃零食周。在你查看自己食用零食的基数后，选择更健康的食品来代替每天的传统零食。例如，如果你吃土豆片，那就把它换成蔬菜沙拉和全麦片。

结束

当你继续记录饮食日志时，回想一下你做了哪些健康的选择并希望继续下去。有哪些方法可以让你在日常营养方面成功地做出微小但重要的改变？

吸 烟

大学生吸烟有各种各样的原因。许多人吸烟是为了缓解压力。烟草病因学研究工作网的研究人员开展的一项研究表明（Tiffany et al., 2007），大学生习惯于在休息时抽支烟，以转移他们对紧张事件的注意力，或者他们认为，吸烟有助于处理压力源。吸烟还有强大的社会环境：它被视为一种社交手段，也是一种与另一个有压力的人分享感受并产生共鸣的方法。然而，许多学生不知道，尼古丁这种兴奋剂实际上会引起应激反应，使血压和心率上升，减少向大脑输送的氧气。由于乙酰胆碱和多巴胺的释放，人们对尼古丁具有成瘾性并不感到惊讶，乙酰胆碱可以增加注意的持续时间，而多巴胺这种物质与快乐有关。

许多压力管理技能可以抵制这些成瘾性，并帮助你戒烟。当你需要休息或重新集中注意力时，可以考虑用冥想或锻炼来代替吸烟。

@ 网络链接

健康的饮食

- 哈佛大学公共卫生学院："健康餐盘"和"健康饮食金字塔"。www.hsph.harvard.edu/nutritionsource/what-should-you-eat/pyramid
- 约翰·霍普金斯公共卫生学院：这个著名的机构与关注包括营养和心理健康等在内的各种健康主题的研究中心有关。www.jhsph.edu/research/centers-and-institutes/center-for-human-nutrition/
- 国际功能性胃肠失调基金会：该资源提供健康信息和研究，以帮助那些有慢性胃肠疾病的患者。www.iffgd.org

戒烟

- 美国疾病预防控制中心（CDC）：CDC提供戒烟资源。www.cdc.gov/tobacco/quit_smoking/how_to_quit/index.htm
- 美国癌症协会：该网站提供许多资源来帮助人们戒烟。www.cancer.org

戒烟建议

- 请花时间检查一下吸烟是如何影响你的整体健康状况的。为此,你要进行全面的探查。考虑一下你的习惯是否影响了他人的健康(比如二手烟对室友或兄弟姐妹的影响)。
- 保证戒烟或减少吸烟。你要明白,戒烟需要全情投入和花费时间。给自己时间,这需要日复一日、一分一秒的坚持。
- 找出你的选择。在校园里寻求帮助,比如互助团体。看看有没有尼古丁的替代品或戒烟药,以达到成功戒烟。
- 与朋友约定,寻求不吸烟的社交方式。

性健康

对于大学生来讲,两件最大的生活压力事件是确诊自己被感染了性传播疾病(简称性病,STDs)或导致了非意愿性怀孕。本书提倡的健康行为是保障性健康和自我保健的牢固根基,即:情绪管理、自信地沟通、坚持你的权利、做负责任的选择、拥有一个强大的社交支持网络,以及避免酗酒或吸毒。教育和沟通是减少非意愿性怀孕、亲密伴侣暴力、强奸和性传播疾病的最重要的手段。

减少危险性行为的建议

- 习得良好的自我保健行为,包括预防怀孕或节育。不管你是男性还是女性,都需要注意避孕。此外,采取避孕措施并不总能预防性传播疾病。例如,避孕药不阻止性病的传播。
- 让自己去了解当前的性问题。尽管掌握健康知识是最好的预防方法,但也一定切记,只有禁欲可以100%地预防性传播疾病和怀孕。
- 定期去看医生,并坦白你的性生活史。
- 不仅要知道性传播疾病的症状,还要知道许多性传播疾病可能是无症状的(即没有表现出任何表面的或外显的症状)。
- 做检测。利用学校的卫生保健中心或地方健康保健站提供的筛查和服务,做检测。
- 限制性伴侣人数。
- 除了节育(如使用避孕药)之外,还可以使用男用和女用避孕套或避孕隔膜作为保护屏障。

请记住:教育和沟通是预防和减少意外怀孕、亲密伴侣暴力、强奸和性传播疾病的最重要的手段。

强奸和亲密伴侣暴力

亲密伴侣暴力（IPV）发生在有亲密关系的两个人之间。这种关系可以是现在或曾经存在的，包括配偶和约会伴侣之间。暴力可能是身体上的，也可能是情感上的。重要的是要认识到男女性都有可能成为暴力的对象。想要获取更多的信息，请查看"网络链接"中的"强奸和亲密伴侣暴力"的相关资源。

按摩治疗和治疗性抚触

根据美国按摩治疗协会的描述，按摩是一种以医学的形式建立的压力管理方法（www.amtamassage.org）。但是，美国国家卫生研究院声称，有关按摩治疗功效的决定性研究是有限的。然而，目前的一项研究总结表明，仅仅接受一个阶段的按摩治疗，人们就体验到了焦虑的缓解，以及血压和心率的下降。并且经过了几个阶段的按摩治疗之后，人们就发现不太易于出现焦虑、抑郁和疼痛了。

> **@ 网络链接**
>
> **性健康**
> 计划生育：该组织是负责两性性健康自我保健的一个重要资源。www.plannedparenthood.org
>
> **强奸和亲密伴侣暴力**
> - 美国疾病预防控制中心："禁止暴力"（在线暴力教育工具）。这是关于预防暴力的一个脸书网专页。www.facebook.com/vetoviolence
> - 国家家庭和性暴力中心：这个组织鼓励专业人员之间协同合作，以禁止对妇女的暴力行为。www.ncdsv.org/ncd_about.html
> - 911强奸预防网：该信息网站是由加州圣莫妮卡市加州大学洛杉矶分校医学中心的强奸治疗中心提供的。www.911rape.org/home
> - Clothesline 项目：该项目为暴力和强奸受害者提供以艺术的形式装饰T恤的机会，让他们以一种非对抗性的方式去表达发生在他们身上的事件。www.clotheslineproject.org/About_Shirts.htm
>
> **按摩治疗和治疗性抚触**
> - 国家补偿和替代医学中心：该组织提供按摩治疗方面的研究信息和最新的试验信息。http：//nccam.nih.gov/health/massage
> - 美国按摩治疗协会：这个网站可以帮助你找到你所在地区的注册按摩师（LMT）。www.amtamassage.org/index.html
> - 治疗性抚触：这个网站提供治疗性抚触的有关研究和信息。www.therapeutictouch.org

Tiffany Fields 是迈阿密大学米勒医学院抚触研究所（TRI；n.d.）的所长，她对按摩治疗和治疗性抚触（TT）都有研究。使用这种方法时，医生将能量直接引向患者，使其康复，通常不需要身体接触（译者注：原文如此）。Field 就按摩和治疗性抚触对健康的好处进行了广泛的研究（大约有 100 多项研究）。下面这些是她的重要研究结果：抚触能够"促进生长（例如，在早产儿中）、减少疼痛（例如，纤维肌痛症）、减少自身免疫问题的发生（例如，哮喘患者的肺功能增强和糖尿病患者的血糖水平下降）、增强免疫功能（例如，在艾滋病和癌症患者中自然杀伤细胞增多），以及提高警觉水平和成绩（例如，脑电图显示警觉的模式和更好的数学计算能力）"。抚触研究所的研究人员还认为："这些疗效中，有许多似乎是由减少应激激素而介导的"（Touch Research Institute，n.d.）。

自我按摩

这项活动可以帮助人们意识到面部和颈部承受的压力。尝试进行下面的各种按摩：

- 推拿或震动某部位以放松该部位，用手轻柔地触摸或滑过该部位
- 摩擦：用手轻轻地按压，做循环的摩擦运动
- 揉捏
- 轻拍

开始

专注的坐姿。

提示

1. 揉搓你的眼睫毛，让它们放松。用你的指尖轻轻按压、抚平前额。轻轻地拍打这个部位，并在你的前额上做各种按摩动作。
2. 用你的手指轻轻地按压你的下颌关节，做圆形揉动。
3. 用你双手的食指分别轻轻按摩眼窝周围。从你鼻子的顶部开始，轻柔而缓慢地向下按摩到你眼睛下面的眼窝周围，然后平稳地按压到你的外侧眼角，直至太阳穴。
4. 按摩你两边的太阳穴和耳后，向下移动按摩到下颌部和下颚底下，并向下至喉部。
5. 像洗头一样用你的指腹在头皮上做有力的圆形揉动。在你的头部重复做几次。
6. 用双手的拇指和食指分别按摩你的耳垂。

结束

双手并拢，摩擦使其生热。将双手放在你闭着的眼睛上，静置一会儿，做 5 次放松的深呼吸。

使用网球

这个按摩活动使用网球来提供足够的压力以缓解肌肉紧张。

开始

专注地靠墙坐着。

提示

1. 把一个网球放在刚好低于肩膀的位置上,让它抵靠着墙。如果球滑下来,就把它放在一只短袜里,然后用手握着袜子的末端。
2. 当移动网球时,做缓慢而放松的呼吸。
3. 将网球放在你肩胛骨的顶部到中间的位置,慢慢地在背部沿脊柱移动,然后慢慢地打圈。
4. 如果你发现了一个痛点,就轻轻地向后靠在网球上,给紧张的部位施加压力。

结束

休息一会儿,注意按摩活动后你的感受。

注意: 这项活动可以躺着做,但靠墙做更容易控制球的压力。此时,可以不移动球,而是把球放在背部任何一个紧张的地方,并保持 1~2 分钟。

身体活动

在管理压力方面,大概没有什么比身体活动更有效了。身体活动通过增加血液循环和新陈代谢,以及平衡内分泌激素水平,成为一种自然的压力消除剂。在持续进行身体活动时,血清素、多巴胺和去甲肾上腺素这些"让人感觉良好"的激素和 β-内啡肽(也称"愉悦激素")一起被释放出来。当释放出来的葡萄糖被用于提供强体力活动所需要的能量时,急性应激就没那么有害了。身体活动可以减轻轻度到中度的抑郁症状,改善情绪,并减轻焦虑。紧张的一天之后,不要喝含酒精的饮料,不要吃高脂零食或睡午觉,而是要考虑打篮球、跳尊巴健身舞,或上瑜伽课。学生们说,所有这些都是他们最喜欢的对抗压力的体育活动。任何一种持续的中、高强度的身体活动都是有益的,只要你在一周的大多数日子里都能坚持做 30 分钟身体活动,并好好享受它。你可以查看你所在学校的相关课程和活动并积极参加。

许多成功坚持健身的人发现,早上是锻炼的最佳时间。早晨通常很少有分心或干扰身体活动的事情。而且,实现你健身目标后的成就感会影响你这天其余时间的情绪。关键是要找到适合你的最佳时间。记住,必须要进行身体活动,尤其是在长时间的休息之后(比如睡醒后)。

很多因素都解释了为什么身体活动是一项如此有效的压力管理方法。这些因素似乎使人们更能抵抗压力的负面影响（Salmon，2001）。归纳起来，身体活动是通过以下方式来缓解压力的（Southwick，Vythilingam，& Charney，2005）：

- 释放内啡肽和血清素，使人处于平静状态，并提高警觉性
- 改善睡眠和整体健康及精神状态
- 增加能量，增强自信，并且建立内在的控制点
- 通过大量的身体活动，消除愤怒或挫折感
- 为大脑提供氧气，进而改善认知功能
- 使整天坐着而僵硬、麻木的肌肉得以伸展
- 提供心流体验（忘记时间，全情投入）
- 将战斗或逃跑反应中释放的皮质醇、葡萄糖和脂肪代谢掉
- 加强训练以迎接挑战
- 提高体温、促进循环以减轻疼痛和释放肌肉紧张感
- 训练使身体变得更强壮，以满足应对压力之需（即更加强壮的心脏和更强大的心血管系统）
- 改善许多因应激反应而受到影响的器官的功能，并帮助它们更有效地恢复到稳态
- 提供一段休息时间——一种摆脱并减轻压力的方法，比如到户外、参加社交活动或听音乐

> **@ 网络链接**
>
> **身体活动**
>
> - 美国运动医学院：该专业组织提倡开展身体活动，并报告有关身体活动和体育锻炼的科学研究。www.acsm.org
> - 美国运动协会：这个公益组织对终身进行体育活动的好处和目的进行宣教。www.acefitness.org
> - "不要找更多的借口——连接连接器"：这个脸书页面是由一个国际援助机构创建的，其使命是帮助人们获得更好的健康状态和体格，告诫大家不要找更多的借口逃避身体活动。它由一名生活导师发起，每天提供专家和其他人的励志名言。www.facebook.com/home.php#!/pages/NO-MORE-EXCUSES-Connecting-Connectors/79368192223?fref=ts

保证定期的身体活动

在这项活动中,花些时间充分分析你的健身目标,以及你在达到这些目标的过程中遇到的困难。

开始

带着日记专注地坐着。

提示

1. 思考身体活动对你个人的好处。
2. 针对你面临的困难集思广益,以保证定期进行身体活动。
3. 想办法增加你生活中的身体活动——把它们安排在你一天中要做的事情里,比如步行而不是乘车外出办事。
4. 思考一下,享受身体活动如何有助于压力管理。

结束

把你愿意去实施的行动步骤写下来。完成这个句子:我要 _____。

身体活动日志

在这个活动中你要坚持记身体活动日志。

开始

使用书后附录中提供的身体活动日志模板。

提示

使用附录中提供的身体活动日志材料,记录你1周的身体活动。

1. 在日志中记录你运动的努力程度(强度)和你对这个活动的喜爱程度。
2. 考虑你完成这个活动所需要的支持(例如一位锻炼伙伴)。
3. 考虑完成这个活动可能遇到的任何阻力(例如下雨时你不能按照计划做完30分钟)。

日期	身体活动(你都做过什么?)	强度水平:轻度(0~4)中度(5~7)高度(8~10)	时长(分钟)	喜欢程度(0=不喜欢10=非常喜欢)	支持性因素	困难(阻碍)

From N. Tummers, 2013, *Stress Management: A Wellness Approach* (Champaign, IL: Human Kinetics).

可在附录里找到身体活动日志。

结束

典型的 1 周结束后（尽量不选考试周或假期），制定一个目标，通过增加身体活动的次数、强度，花费更多的时间，或进行不同类型的身体活动来加强你下一周的身体活动。回味一下你把身体活动作为你生活方式的一部分时的感受。你能在 1 周的大部分时间里都保持活跃吗？

放　　松

花时间有意识地进行放松练习有很多好处。它有别于在电视机前的放松休息。放松反应是在特定条件下进行练习的一种实际的技能（Benson，2000）。Benson 对上千名父母进行的放松反应研究表明，以下条件有助于引起放松反应：安静的环境、舒服的体位、让意识和注意力集中在某处（比如你的呼吸）以及被动的专注。被动的专注意味着不强迫或期望一种结果，而只允许放松的过程发生。当我们出现放松反应时，会发生如下情况：

- 我们受副交感神经系统的驱使，它会促进更新和恢复。
- 我们的大脑可以更容易地从一种紧张、焦虑的状态切换到使用整个大脑。这会产生出更好的想法、信息和解决方案——许多人称之为"顿悟"时刻。
- 我们有了内在的控制点。

渐进式肌肉放松法（PMR）包括感受肌群收缩，然后彻底地放松它们。许多从事体育教学或运动机能学研究的学生都是运动员，他们发现这种方法很实用，因为这是一种纯粹的身体训练；专注收缩和放松是它的全部内容！

在渐进式肌肉放松法中，每次收缩都不能超过 5 秒，但在每次收缩之后的放松阶段需要整整 30 秒。按照自己的节奏练习，别着急。还有一个重要的建议是保持一种被动的态度，不要强迫自己去放松或努力去彻底放松，而是要缓慢、轻柔地诱导紧绷的肌肉去放松。

这种渐进式肌肉放松法是由 Edmond Jacobsen（1978）发明的。他注意到，躺在医院病床上康复的患者经常会自己绷紧肌肉，或保持肌肉紧张。他相信，身体在一种收缩的、紧张的状态里是不可能得到治愈的。他还认为，如果身体得不到放松，大脑就不可能放松。当肌肉紧张时，流向该区域的血液会减少，二氧化碳和乳酸等废物就会堆积，从而导致更多的紧张和疼痛。

我们中的一些人发现，放松是件很难的事情。我们会认为放松就意味着失去控制，从而导致焦虑。我们中有些人难以放松，原因是已经对压力状态下释放的肾上腺素和去甲肾上腺素上瘾了。这些激素的释放被叫做肾上腺素激增。在此期间，身体和大脑变得敏锐而强大。我们会变得很顽固，并且痴迷于激动状态，全天 24 小时"忙碌"，这会让放松看起来是不可能的。

要允许自己放松。减轻你自己的压力并保证身体和大脑适当地工作,这很重要。

在做下面这些放松活动时,充分保证让自己去适应这些提示。例如,你可以选择不闭眼睛,或者等到你回家后再做这些练习。

放松的姿势

练习放松的一个最佳方法就是摆出放松的姿势。

开始

面朝上躺在坚硬的平面上,比如铺有地毯的地方,或在地板上放张垫子。放松紧身衣,脱掉鞋,摘下手表或眼镜。

提示

1. 两腿向外伸展开,双脚分开大约 2 英尺(60 厘米)的距离。
2. 两臂放在身体两侧,双手掌心朝上,离身体约 4~6 英寸(10~15 厘米)。
3. 把头放在正中间的位置(不要偏向一侧)。
4. 花一些时间让身体在地板上放松。

结束

回味一下练习放松姿势的感觉。你的身体是否有某些部位需要额外的关注来放松?记住,一定要花些时间尽量多让身体放松和平静。

身体扫描

这个活动要求你缓慢而有序地将注意力集中于全身,并对感觉进行扫描,在某些情况下注意身体一些区域的感觉缺失。

开始

专注的坐姿或放松姿势。

提示

1. 祝贺你自己在改善健康方面发挥的积极作用。在活动期间设定一个目标,保持清醒和警觉。

2. 丢掉批判性思维。感觉方式没有对错,让自己每时每刻都活在当下就好。

3. 开始进行腹式呼吸,专注于呼吸动作。

4. 开始扫描你的身体。想象有一束光线照射在你的头顶上、头皮上,然后是你的脸上。注意一些感觉舒服的部位(感到放松、温暖、柔软、轻松的部位)。慢慢地扫描这个部位,并注意一些感觉不舒服的部位(感到疼痛、疲倦、紧张、僵硬的部位)。

5. 让那些表现或隐藏情绪和感觉的肌肉释放紧张感,丢掉你戴着的面具。注意感觉,不要评判,只需要注意它们。注意你头部的感觉。你不需要去感受什么,只要集中注意力并关注就行了。让你的呼吸保持缓慢、轻松和流畅。

6. 继续将你的呼吸保持在头部。让这个部位变得柔和、放松。

7. 继续下移到你身体的其他部位:颈部和肩膀,胸部和心脏,骨盆、小腹部和腰部,两臂和双手,双腿和双脚。

8. 想象你头顶上有一个孔,就像鲸鱼的喷口。从你的头顶把气吸进来,然后从双脚呼出。现在试着从双脚把气吸进来,然后从头顶呼出。多次尝试这种呼吸方式。

简化练习

当你强烈地意识到你身体的某个部位紧张时,可以简化这个活动。将注意力集中在你身体上那个经常紧张的部位,让它进入放松状态。每天做几次身体扫描是朝关注这些部位的紧张感,并使其放松和舒适所迈出的一大步。

结束

感觉你的身体是一个整体,而不是支离破碎的。继续享受全身的放松和舒适感。

渐进式肌肉放松法

这个活动通过收缩和放松肌肉来唤起对肌肉紧张的意识。

开始

你可以通过专注的坐姿来进行这个活动,但是建议先躺着练习这个技巧。

提示

1. 闭上双眼,记住在整个活动中要进行放松的呼吸,同时绷紧你的肌肉。

2. 做几次放开式呼吸。其间,你的呼气要比吸气稍长且缓慢。

3. 找到你放松、自然的呼吸，呼吸的节奏要让你感到放松和舒适。尽可能花些时间来找到这个节奏。

4. 请在吸气时想象，每一次吸气你都把新鲜、有活力的氧气带到你身体的每个细胞里。

5. 请在呼气时想象，每次呼气你都把所有紧张、懈怠或不舒服的气体释放出去。

6. 将注意力集中在你的双臂和双手上。

    a. 不要紧绷你身体的任何部位，在你将两前臂举起大约2英寸（5厘米）高时，弯曲双肘，通过握紧双拳使肱二头肌绷紧并保持住。使出100%的力量并保持住，数到5。

    b. 现在，彻底放松双臂，放开紧握的拳头。做放松的深呼吸，在你呼气时，让两臂和双手更加放松。继续彻底放松25秒左右。

    c. 重复这个练习，但这次使出约50%的力量保持这种张力，数到5。再次彻底放松30秒左右。

    d. 将你的注意力重新集中于两臂，并以5%的力量绷紧两臂，坚持数到5。

    e. 彻底放松两臂和双手，并注意这次放松的感觉，持续25秒。

7. 做几次放松的深呼吸。

8. 将注意力集中在你的双腿和双脚上。

    a. 不要紧绷你身体的任何部位，双脚的脚趾用力抓地，并收缩大腿前面的股四头肌。使出100%的力量保持这种张力，坚持数到5。

    b. 彻底放松你的两腿和双脚；轻轻地抖动腿和脚，然后尽量静止不动。保持静止和放松的状态25秒。

    c. 重复这个练习，但是这次要以大约50%的力量保持这种张力，坚持数到5。再次彻底放松约30秒。

    d. 将你的注意力重新集中在双腿和双脚上，使出5%的力量绷紧它们，坚持数到5。

    e. 让双腿和双脚彻底放松，持续25秒，并注意这次放松的感觉。

9. 做几次放松的深呼吸。

10. 将注意力集中在你的腹部。

    a. 不要紧绷你身体的任何部位，使出100%的力量收缩你的腹肌，并将肚脐拉近脊柱。保持这种张力，坚持数到5。做放松的深呼吸，在你呼气时，让你的整个躯干、前胸和后背彻底变柔软和放松。继续彻底放松大约25秒。

    b. 现在，以50%的力量保持这种张力，坚持数到5。彻底释放这种紧张，并且放松30秒。

    c. 仅使出5%的力量收缩你的腹肌。保持这种状态，坚持数到5。

    d. 让你的腹部彻底放松30秒。

11. 做几次放松的深呼吸。
12. 接下来，再把注意力集中在肩部和颈部。

  a. 不要紧绷你身体的任何部位，朝你耳朵的方向尽量向上耸肩，使出 100% 的力量保持这种张力，持续数到 5。

  b. 在你下次呼气时，让肩膀彻底放下来，并轻轻地晃动肩膀。体验一下你两肩和颈部彻底放松的感觉，持续 30 秒。

  c. 现在，使出 50% 的力量收缩肩部（耸肩），并保持这种收缩状态，持续数到 5。做一次深吸气，之后随着呼气放下你的两肩，并放松。让两肩做几次前、后转动的动作，然后让它们保持静止和柔软 30 秒。

  d. 现在，以 5% 的力量收缩，并持续数到 5。

  e. 做一次深吸气，在你彻底放松肩膀和颈部的过程中让气体慢慢呼出。注意你全身放松的感觉。

13. 全力放松身体，并且享受自己带来的这种身心放松的状态。要知道你的整体正在变得越来越强大，且适应力会越来越强。无论它今天是什么样子，你只需注意放松的感觉。让你自己感觉到更加舒服和平静，让你的身体以自己的方式去寻找放松的感觉，而不是在挣扎或强迫中感受放松。只需要发出一个放松的邀请即可。

变化练习

练习可以以相同的方式延伸到脸部、胸部和背部。渐进式肌肉放松法可能需要花相当长的时间。最终，你将会简化这些提示，并专注于那些紧张的部位。

结束

继续缓慢而放松地呼吸，同时轻轻地伸展你的双臂和双腿。将你的注意力重新带回你的房间，有意识地保持平静和放松，准备进行下一个活动。

放松的象征物

在这个活动中，你将使用到个人视觉化的符号——一只飞翔的鸟、一抹夕阳或一杯热巧克力。

开始

放松的姿势或专注的坐姿。

提示

1. 做 3 次放松的深呼吸，然后在接下来的几分钟里有意识地彻底放松。

2. 请闭上双眼，或在你面前保持一个柔和的焦点。让自己回想一幅放松的视觉画面。你可以随意改变它，但要一直坚持以放松为目的。

3. 当你继续在脑海里描绘你的象征性物体时，享受这种流淌在你身心里的放松感吧！

结束

花点时间思考一下如何通过想象来帮助你放松。对你来说最放松的情景是什

么？做3次以上放松的呼吸，并享受放松的感觉。然后，将你的注意力带回到你所在的房间和日常生活。记住，想象是帮助你进入放松状态的有力方法。

睡　　眠

睡眠卫生这个词听起来可能有点儿奇怪，但"卫生"这个词指的是你为了保持健康所做的任何事情。睡眠是最根本的压力管理方法。根据美国国家睡眠基金会（National Sleep Foundation，2011）的报道，人们睡觉的目的是在经历了每天的疲劳之后去组建和修复细胞。睡觉是每天不可或缺的事情。这就是为什么在经历了数日无效的睡眠之后，在周末大睡一场的人，不如那些每天都按时、有规律睡觉的人更健康的原因。睡眠不仅有助于身体自身的修复，而且还有助于大脑汲取我们所得到的所有新信息。如果身体有压力或得不到充分的休息、深度的睡眠（或二者兼有），那么大脑就不可能产生新的脑细胞或神经元。大脑产生新的脑细胞的能力叫做神经重塑（Amen，2008）。

许多学生抱怨他们得不到充足的睡眠。睡眠不足的后果是引发事故、生病住院、抑郁、免疫功能下降、激素波动、新陈代谢能力降低、记忆和认知功能受损，以及脾气暴躁等（National Sleep Foundation，2011）。

美国国家睡眠基金会做的一项调查显示（National Sleep Foundation，2011），在19～29岁的人群中，有67%的人把他们的手机放在卧室里，并在他们本该不被打扰的正常睡眠时间里使用它。在同一年龄组中，有42%的人喜欢在睡前发短信，之后也睡不踏实，导致第二天产生困倦感，或在昏昏欲睡的状态下开车。有38%的人在睡眠中被其手机铃声惊醒。这些受访对象还报告了在卧室使用笔记本电脑或计算机看视频，或在睡觉前上网冲浪之后，不能安稳睡觉等感受。

首先，让我们了解一下人的睡眠和能量循环周期。典型的昼夜节律（即一天24小时间的节律）表现为：上午的晚些时候和傍晚时分最为清醒，而在上午的早些时候和下午3点左右这段时间最不清醒。想要在这个循环周期的最低点上保持清醒和精力充沛的一种方法就是体育锻炼。

下面这些小建议可帮你睡个好觉：

- 把体育活动安排在睡前4小时内完成。
- 睡前尽量减少刺激性活动（比如争吵、打电子游戏、观看暴力影片、发短信）。
- 不要小睡。
- 使用本书推荐的方法，如专注的呼吸、放松、引导性想象和停止思考等放松技巧。

- 建立睡眠习惯（当你还是个孩子的时候，你可能有过令人舒服的睡眠习惯）。
- 困了才上床睡觉，不困不上床。
- 保持固定的睡眠时间。避免周末"补觉"。用闹钟叫醒你和提醒你该睡觉了。
- 抛开一切烦恼，以及你打算要处理的事情。花时间把你的烦恼都写下来，然后努力抛开它们。
- 避免借助饮酒入睡、喝咖啡提神的错误套路。这两种方法会严重地干扰你平静的睡眠。
- 借助声音或音乐来放松。音响设备和安静的风扇可以屏蔽环境的噪声。
- 睡前洗个热水澡或淋浴，保持足部温暖。
- 保持你的卧室凉爽、光线暗淡。
- 使用肯定的暗示话语，比如"我平静且放松"。
- 你的床只用于睡觉，而不能当做吃饭或学习的地方。
- 白天让自己暴露在自然光下，多进行户外活动。
- 睡前喝一杯加蜂蜜和香草的温牛奶或豆奶来增加血清素。
- 关闭电器，包括电视、电脑和手机。

睡眠日志

此活动包括坚持记录 1 周的睡眠日志。

开始

把内容填写在附录里提供的工作表上。

提示

尽量详细地记录你的睡眠日志。注意任何可能影响你睡眠质量和时长的事情，包括课程的截止时间和入睡前使用的放松法。

结束

1 周后，回顾一下你的睡眠质量和时长。考虑制定一个目标去改变你的一个睡眠习惯，比如睡觉的时候要关掉手机。

可在附录中找到睡眠日志。

气功和太极

气功（读成"chee gung"）是一个传统的压力管理体系，它平衡身体和精神能量。气功有强身健体、治愈身心疾病、平衡情绪以及提升精力的益处。气功只是在整个亚洲普及的众多运动形式中的一种，其在西方也越来越受到欢迎。气功和太极（另一种运动形式）建立在这样一种理念上：当气或能量受到阻塞或停滞时，就会发生疾病。当身体因压力而产生紧张时，呼吸和运动可以让正能量流动，从而驱散负能量和紧张感。气功包括集中精力的呼吸、可视化、强健的身姿和特定身体动作。

重点研究

气功和太极

来自气功和太极综合研究所（加利福尼亚，圣芭芭拉市）的 Roger Jahnke，与来自亚利桑那州立大学和北卡罗来纳大学的研究者们合作，对有 6410 名参与者参加的 66 项关于太极和气功的随机对照研究进行了评估（Jahnke et al., 2010）。他们发现，太极和气功对骨骼健康、心肺功能、身体平衡功能、生活质量以及自信心等方面的改善都有所帮助。

钻石式呼吸

这个活动用动作帮助你连接并延长你的吸气和呼气。

开始

双臂垂直放在身体两侧，站直。

提示

1. 当你吸气时，慢慢地抬起身体两侧的双臂，伸向前方，与眼睛平齐。将双手的拇指和食指对接，形成一个菱形（钻石形）。

2. 将你的注意力集中在菱形上，慢慢地呼气，同时，你的膝盖轻轻地弯曲几英寸（或几厘米），然后慢慢地将菱形向下移至你的肚脐上。

3. 停在这里，做一次深呼吸。

4. 在你下次吸气时，慢慢地伸直你的膝盖，把菱形移回到眼睛的位置，并全神贯注于它。重复做 10 次以上集中精力的慢速运动和呼吸，同时，将注意力保持在菱形的缓慢运动上。

结束

两臂垂直放在身体两侧，站直。检查一下你身体的感觉和能量的流动。

能量游戏

这个活动让你感受到游戏的快感和身体能量的流动。

开始

取站立位，两脚分开至比臀宽，双膝稍微弯曲。锻炼你的核心肌肉，并注意姿势使站立更加稳定和有力。

提示

1. 做几次放松的深呼吸。在整个活动中你都要进行放松的呼吸。

2. 闭上双眼，进行身体扫描。协调你的身体，并注意你感觉到任何不适、疼痛或压力的部位。继续做放松的深呼吸。

3. 双手合拢，一只手放在另一只手的上面，把它们放在下腹部。感觉你的手随着呼吸上下移动，做 6 次充分、有深度的腹式呼吸。用鼻孔吸气，再通过微微撅起的嘴唇把气轻轻地呼出去。

4. 保持眼睛紧闭，想象在你身体的正前方（就在你肚脐前约 8 英寸或 20 厘米远处），你正举着一个小圆球（一个软球的大小）。注意这个球的形状和颜色。注意你的双手是如何随着你的呼吸而移动的。

5. 现在，随着每一次呼吸，让球逐渐变大，就好像你在做一个巨大的雪球一样。注意你的呼吸与球之间的关系。慢慢地让球变得更大；现在，对于球的形状和颜色，你注意到了些什么？记住要尽量站直，并保持双臂放松。确保你的呼吸与球变得更大、更丰富多彩有关。

6. 把球拉到你身体的中心，再一次把一只手放在另一只手上，放在腹部。感觉你的双手随着你的呼吸而运动。做 5 次以上深度的腹式呼吸。现在注意一下你的感觉。你注意到了什么？你感觉体内的能量是怎样的？

@ 网络链接

睡眠

- 美国国家心肺和血液研究所：美国这个政府机构为公众提供健康信息，包括关于睡眠障碍的信息。www.nhlbi.nih.gov/health/index.htm
- 美国国家睡眠基金会：该网站提供你想知道的有关睡眠和睡眠不足对健康影响的所有信息，包括改善你大脑功能的游戏。www.sleepfoundation.org

太极

- 太极入门视频：www.youtube.com/watch?v=P5hvODK2zW4
- Gaiam：这个公司拥有丰富的太极、瑜伽和其他体育活动视频资源，还有其他一些健康和保健产品。www.gaiam.com/text/home/about-gaiam.htm

7. 放开双手，置于身体两侧。让你的下巴慢慢下垂到胸部，拉长你的颈椎。吸气时，想象你正在把呼吸从身体中心沿着脊柱向上提，使其进入心脏的部位，然后继续提向头部。当你呼气时，使气息重新回到身体中心。继续吸气，将气息沿着脊柱向上提到头部，然后再把呼出的气体拉回核心部位，如此做 5 次以上呼吸循环。

8. 回到有规律的放松呼吸，然后慢慢地把头抬起来，站直。慢慢地睁开双眼。

9. 做几次深呼吸，用手指或屈曲的手掌轻轻地拍打胸部、头皮和眼睛周围。

10. 用另一只手的手掌从你的肩膀顶部向下，沿着手臂拍到你的手指，然后再往回轻拍到你的肩臂和颈部的一侧。

11. 重复做 3 次以上这个动作，然后换另一侧。

12. 用拳头或张开、屈曲的手掌轻轻地拍打你的肾区、臀部和大腿下部，一直到脚部。做 4 次这个动作。

13. 轻拍你的头，然后做"扫出去"的动作，好像扫掉不好的能量一样。

14. 拍打你的胸部，扫掉负能量。然后，拍打和清扫你的整个双臂和下腹部。

结束

返回到站立的姿势，双手交叠放在小腹上。注意你身体的任何变化，以及任何能量或感觉的移动。

瑜　伽

瑜伽是压力管理的另一个传统体系，包括以下内容：

- 呼吸控制（呼吸活动）
- 有活力的瑜伽体式或姿势
- 养生瑜伽体式或姿势
- 放松活动：身体扫描技术、放松的姿势

瑜伽通过将精神、心理和身体连接或融为一体来帮助我们管理压力。瑜伽不仅是一种锻炼，还是一种能使我们变得更加强壮、增强呼吸、释放紧张、培养意识和专注力、鼓励积极的意象和思维，并致力于自我保健的练习。形成这种连接的纽带是呼吸。瑜伽是一种基于放松呼吸的练习。

下面列出的建议是在练习瑜伽时要记住的。

- 你要花时间去建立和"养成"每一种体式或姿势。在练习瑜伽时你不能着急。
- 一定要打好扎实的基础，包括站、坐、扭转以及躺下时的姿势和呼吸觉知。
- 时刻保持觉知，不要挣扎或评判。允许自己根据自身情况自然地完成动作。

- 不断探索瑜伽中所谓的"边缘"或中间道路。练习体式时要有足够的力度以保证身体的成长，但不要用力过猛或造成伤害。不断地提问：我感受到的这种感觉对我是否有好处？我是在鼓励成长，抑或这种感觉是一个信号，让我改变或摆脱这个姿势？我的呼吸和体式一致吗？我是在为我的身体着想而练习吗？
- 持一种不伤害（ahimsa）的态度。ahimsa 是一个梵文单词，意思是"不伤害"（nonharming）。如果我们在专注力练习方面再进一步的话，就意味着关注、倾听、尊重和爱护我们的身体，将心灵和思想作为一个整体，寻求健康和治愈。
- 让你的呼吸和身体提供反馈。花时间去倾听和保持这种体式。允许表露情绪和思想，但要保持冷静，将注意力集中在你现在的瑜伽练习中，不要做出反应。

@ 网络链接

瑜伽
- 美国瑜伽协会：这个组织为瑜伽提供指导材料和信息。www.americanyogaassociation.org/contents.html
- 《瑜伽杂志》：这本杂志的纸质版和在线资料发表有关瑜伽体式、瑜伽的好处以及瑜伽练习场所的文章。www.yogajournal.com

眼镜蛇式

眼镜蛇式是一个增强核心力量的训练方法。在这个体式中，双手不做动作，更多的是用来保持平衡（图 2.3）。

开始

俯卧（腹部贴在地板上）。

提示

1. 双腿并拢，像蛇尾一样。让你的下身紧贴在地面上。

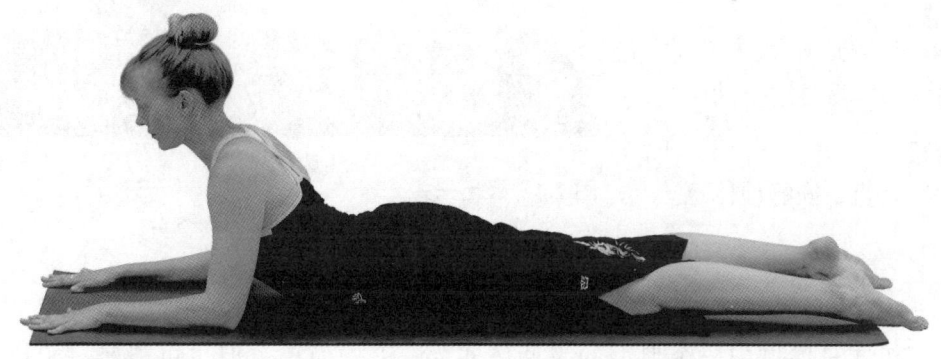

图 2.3 眼镜蛇体式

2. 将双手放在肩膀下面与胸平行的位置，手指指向前方，两肘弯曲，并紧贴在肋骨两侧。

3. 双手平压在地板上，轻轻地抬起胸部，让头部与脊柱保持一致（不要伸展背部）。目视前方时，感受一下背部的拉伸。

4. 让下半身用力贴紧地面，使背部呈流线型，打开身体的前部。

5. 保持眼镜蛇式，做 5 次呼吸。

结束

慢慢地撤出眼镜蛇式，继续俯卧，做几次放松的呼吸。

战士一式

战士一式是一个全身的强化练习：两腿用来保持姿势，两臂向上举过头顶，核心肌肉用来保持姿势的稳定和脊柱的力量（图 2.4）。

开始

站立位，双脚分开，与臀部同宽。

提示

1. 左脚向后跨一大步，大约 3 英尺（1 米），形成弓箭步。右脚正对前方，膝盖弯曲。左脚应该稍微往左边倾斜（右脚指向 12 点，左脚指向 9 点或 10 点）。

2. 肩膀和臀部向前挺直。

3. 手臂用力向上举过头顶，尽可能保持你的后腿伸直而有力。

4. 保持这个姿势，做 5 次呼吸。

5. 后退站直，然后用另一条腿重复这个动作。

结束

站直，安静地休息。

图 2.4　战士一式

树式

树式是瑜伽中一个典型的平衡体式，看上去简单，但也可能是一个挑战（图 2.5）！

开始

双脚并拢站立。

提示

1. 用力站直，把体重放在一条腿上。好像你站立的那只脚已根植于地里了，而你的头顶正伸向太阳。现在，将另一只脚的脚掌放在对侧大腿内侧的腓肠肌上，或者放在那只支撑脚的脚面上。

2. 将双手放到心脏的位置，然后慢慢地将两只手臂伸向空中或向两边伸展，像长出的树枝一样。保持呼吸，两眼注视前方的一个点。

3. 保持树式，做5次以上的呼吸。

4. 换脚。你可以用一把椅子或一面墙来帮助保持平衡。

结束

双脚并拢站直。练习完树式之后，花些时间体会一下自己的感受。身体两侧是否有些不一样？我们的"树"在我们的优势腿上显得更强壮。重要的是身体两侧要轮换练习和加强。

图 2.5　树式

下犬式

这个姿势要求倒置，即头部要在心脏的下面。这个姿势可以促进身体放松（图 2.6）。

开始

开始时，双手和双膝放在地板上，就像桌面式一样。

图 2.6　下犬式

提示

1. 双手分开，与肩同宽，向前平放在地板上，手指张开且有力。
2. 脚趾向下弯曲，用脚掌保持平衡，同时双脚分开，与臀部同宽。
3. 挺直双腿，抬高臀部，呈倒 V 字形。提起臀部肌肉、尾骨以及背部。脚跟不要接触地面，但要尽力让它们向地板方向下沉。
4. 保持下犬式动作，做 5 次呼吸。
5. 放松头部，朝膝盖方向看；使胸部向后压向你结实的双腿。

结束

轻轻地放松双腿，返回到桌面式。

扭转式坐姿

这个姿势要求身体中心轻轻地扭转，释放紧张（图 2.7）。

开始

坐在地板上，两腿伸直，朝向正前方。

提示

1. 保持一条腿贴在地板上，坐直，弯曲另一条腿的膝盖，把脚平放在地板上。
2. 将肚脐转向弯曲的膝盖。将另一侧胳膊的肘部交叉放在身体上，勾住膝盖外侧，或转过来抱住膝盖外侧。保持这个姿势，做 5 次放松的深呼吸。
3. 返回到中心位置。换腿。

结束

轻轻地将双腿并拢，放回到身体前面，并抖动双腿。

图 2.7　扭转式坐姿

婴儿式

使用婴儿式进行一段时间的放松休息。

开始

双膝着地跪坐在地板上。

提示

1. 臀部坐在脚跟上。
2. 前额放在前面的地板上,或将一只拳头放在另一只拳头的上面形成一个平台,把前额放在叠起来的拳头上。
3. 两臂向前伸直,或将它们放在身体两侧。

结束

注意放松的婴儿式是如何帮助你变得平静的(图2.8)。

图 2.8 婴儿式

总　结

本章聚焦于身体健康和压力管理活动的运动方法。身体健康涉及许多领域,从营养学到呼吸、身体锻炼和睡眠,还包括减少身体伤害风险的许多方法,比如预防酒精中毒。尝试进行本章描述的这些活动,看看它们是如何融入到你的生活方式中去的——就是你每天或每周的大部分时间里习惯做的那些事情。

许多学生犯的一个错误是:尝试一次做很多的事情。要记住,这些练习即便只是带来一些微小的改变,也能产生翻天覆地的变化。重要的是要保证持续。你可以考虑进行一项为期1周的身体压力管理活动。例如,购买计步器来测量你走的步数,并尝试增加你每周的步数。这一小步可能会产生很大的影响,帮助你拥有更安稳的睡眠,并感觉更加灵敏。反过来,这可能会激励你朝着健康和快乐多迈出一小步,比如继续尝试戒烟。第3章将聚焦于情感压力和应对情感压力的压力管理活动。

第3章

情绪健康

人生就像是一个驿站，

每天早上都有一位新人到来。

喜悦、沮丧、卑劣以及某些瞬间的意识都可能是不速之客。

你需要欢迎并款待他们！

即使他们是一群悲伤的人，粗暴地将你的房屋横扫一空，

我们仍要尊敬地对待每一位客人。

他可能是为了给你带来新的快乐而清理你的客房。

阴暗的想法、羞耻、恶意也可能站在门口，笑着邀请他们进来。

无论出现什么，都要心存感激，

因为万事皆可能是远道而来的向导。

哲拉鲁丁·鲁米（Jelaluddin Rumi），
科尔曼·巴克斯（Coleman Barks）翻译为英文

什么是情绪健康？情绪良好的人能意识到情绪的存在，也能积极地行动，以健康的方式去处理所有的情绪。情绪良好的人还能识别和同情他人的情感。他们通常表现出一些可以增进健康的品质，比如乐观、自我调节（当情绪低落时不会失控或对他人刻薄）、自尊和自信、共情，以及同情。情绪健康的人能够很好地解决问题、建立积极的人际关系，并能坚持不懈地战胜困难（Seligman，2011）。

根据 Howard Gardner（1983）的观点，我们所有人都表现出至少一种智力上的优势。我们通常认为智力仅表现为在学业上很聪明，体现在考试分数上的高低。其实，情商也是智力的一种形式，它能使人们识别情绪，进而采取积极的方法，还会同情或理解他人的情感。Gardner 认为，情感赋予了生活意义和目的。它们是信使，而我们选择如何处理这些信息极其重要。当我们有内在控制点时，我们就不受过去（愧疚）或未来（担忧和恐惧）的控制；我们也明白，我们唯一能控制的就是活在当下的能力。了解并体验自己的感受，让我们有能力去控制并知道如何做出反应。当我们感觉受到了生活挑战并感到脆弱时，我们需要关注自己的情感，使其成为积极行动的动力，进而集中发挥自身优势（O'Connor，2005）。

让自己活在当下并专注于自己的情感（将在第 4 章对专注力进行更详细的讨论），我们就能避免陷入杞人忧天和对往昔失败教训的不能释然。我们经常沿用熟悉的习惯，而不是花时间和精力去了解情绪如何给我们带来压力，进而采用压力管理方法很好地解决情绪问题。

下面介绍给大家一些能够促进情绪健康的启示。

- 提高情商的基础首先是要意识到情绪问题的存在。意思就是监控你自己出现注意力涣散的时间。正如 Rumi 在本章开头的诗中所写的那样，我们需要包容所有的情绪，并练习调节情绪（Goleman，2011）。
- 当我们放松并集中注意力时，就能更好地控制自己的情绪。当我们学会呼吸并保持警觉时，我们大脑右半球的脑电波就会变为伽马波，使我们能更深入地了解并采取更好的行动（Goleman，2011）。
- 从提高对情绪问题认识的角度出发，我们可以通过自身情绪反应的信息，来理解是什么导致了情绪反应。例如：我的〔情绪反应〕就是在提醒我需要去做什么。
- 一旦明白了情绪信息，我们就会做出反应——是否以及如何采取行动？情绪和行为是两个分开的事情。
- 心境是一种持久的情绪状态。有时很难准确地描述是什么触发了我们的情绪。我们的健康状况、我们结交的朋友，甚至天气，都有可能影响到我们的情绪。当你发现自己陷入恐慌时，你能否等到自己处于一种更佳的状态时再对重要的事情做决定呢？
- 情绪健康或情商不仅仅是认识并处理自身情绪的能力，也包括对他人情感的理解和同情。我们运用倾听、合作和解决矛盾的技巧来处理人际关系间存在的情绪问题（Goleman，2000，2011）。

@ 网络链接

情绪健康

- 6 秒钟——积极改变情商：这个组织提供情商培训的信息，包括对儿童和成人的研究。www.6seconds.org
- 教育乌托邦：这个由 George Lucas 创建的组织拥有社会和情感学习这一重要教育领域的优质视频教学。www.edutopia.org/video
- 成人读写和教育的多元智能：根据 Gardner 的多元智能学说，你能在这个网站上找到自己的优势。该网站为提高智能的每个方面提供了建议和资源。www.literacyworks.org/mi/intro/index.html
- Jed 基金会：这是美国促进情商和预防大学校园自杀的主导组织。www.jedfoundation.org

榜样的情感力量

在该活动中，回想一个你认为情绪健康的人，并想一想他们的行为和处事方式，考虑哪些你可以去实践。

开始

带着日记专注地坐着。

提示

1. 回想某个你认为情绪健康的人。
2. 把这个人表达健康情感的个性特征写下来。
3. 将这些特征与第1章里《以优势为基础的方法》一节中讨论的特征进行比较。
4. 思考一下你可能会采用其中哪一个或哪些处事方法。

结束

注意你想到此人时的感受，以及他/她是如何激发你在情感上更加健康的。

感受它，认识它，接受并理解它，做真实的自己，并且使用压力管理方法。

Goleman，2000

放在心上

这个活动需要你把不良情绪放在心里，坐下来，不要挑剔和评判。

开始

专注的坐姿。

提示

1. 花点儿时间找到使你舒服的姿势，让自己感到专注而踏实。当你需要放松和平静时，多做舒缓的深呼吸。
2. 此刻关注你经历的所有情绪。尤其注意一些暗淡、阴郁或令人不安的情绪。
3. 你愿意给这些阴郁的角落带来意识、光明和关怀吗？让这光芒照耀在那些你试图避免或逃离的令人痛苦的感觉上。
4. 关注你的身体对这种情况的反应。
5. 用心关注你的内心。带着善意和同情注意这里。想象一下，你正在内心进行着吸气和呼气。
6. 给自己心里留一段时间，用来考虑对这种情况不那么挑剔和评判会是怎样的感觉。你能体会到一点点放开的感觉吗？

结束

想一想，即使只是那么几次呼吸，你是如何转变态度的，并将这种感觉铭记在心。是否出现了一些对你来说有意义的事情？

按下暂停键

这个基于心脏的压力管理活动改编自 Childre 博士的《心能解决方案》一书（Childre, Martin, & Beech, 2000）。Childre 博士创建的"心能研究所"是一个非营利性组织，旨在促进以心脏为基础的研究，其中包括联合研究的原理。联合研究包括从一种压力感知中转移出来，将痛苦的脑电波节律与平静、专注和更高情商状态下的心律结合起来。通过这种方式，身心能协同发挥更有效的作用，从而减轻压力和焦虑。（见"网络链接"部分的心能专栏，访问网站可获得更多有关心能研究所的信息。）

开始

专注的坐姿。

提示

1. 好好想一想你的个人问题。在思考时，注意你身体和情绪的感受。你在脑海中将这个问题想象成一幅图画，并将它放在一个高清屏幕上观看。多花些时间注视这个屏幕。现在，想象你正在按停止按钮，并将这张图片放在一边。

2. 当你将意识转移到心脏周围时，集中于放松、自然的呼吸。想象你正在从心脏的部位进行吸气和呼气，做 5 次放松、舒适的呼吸；想象随着每次呼吸，你心脏所在部位会越来越宽阔。心率减慢与心脏有关。当你的心脏区域在呼吸时，感受一下你身体的放松。

3. 回想一种积极的体验，在这个体验中，你产生了一股强烈的积极情感，比如感激、高兴、愉快或爱。这种积极的情感带给你怎样的体验？在你回忆和享受这种积极的体验时，做 5 次放松、舒适的呼吸。

4. 扪心自问，有什么方法能更积极、更有效地解决你犹豫不定的问题。试着敞开心扉去看待这个问题。

5. 倾听你的心声，并决定你将采取哪些行动来应对这个问题。

结束

现在，花些时间来回想一下这个练习。你可以画画、书写，或与你信任的人谈论遇到的问题和可能的行动步骤，也可以什么都不做。

基于 Childre and Martin, 1999。

幸 福

幸福是一个难以定义的概念。它是一种普遍的愿望，但是产生幸福的原因在不同的文化中各不相同。Martin Seligman 对幸福进行的广泛研究表明，表达幸福的一个更好的词是"健康"。"健康"这个词包括以下要素（Seligman,

2011，p.16）：

- 积极向上的情感
- 参与
- 良好的人际关系
- 感到人生有意义（即有归属感并服务于某事）
- 成就感

"追求幸福"可能听上去像一次购物旅行——我们要亲自去看看外面的世界，寻找让我们高兴的事情（比如最新款的苹果手机、耐克鞋）。提升或培养幸福感需要我们去发现能让我们内心产生快乐的事情。培养不仅意味着播种幸福的种子，还意味着要滋养它们。

一些研究表明，每个人都有一个幸福感原点设定值，但这个设定值可以提高。《幸福之道》一书的作者 Sonja Lyubomirksy（2007）是加利福尼亚大学河滨分校的一位研究员、教授。她认为，我们保持幸福感的能力中有 40% 都是可以开发出来的。Lyubomirsky 说，尽管生活条件与快乐没有多大关系，但我们还是把大量的精力、时间和金钱都投入到这些事情上去了。不管我们怎么想，彩票中奖的确可以让一个人快乐一阵子，但是过了这阵子，这个人又会重新回到他/她的正常状态，或幸福的原点。

> **@ 网络链接**
>
> **心能（Heart Math）**
> 心能研究所：这个非营利性的研究和教育机构对减轻压力、情绪的自我调节和适应性之间的关系进行了研究。www.heartmath.org
>
> **幸福**
> - 真正的幸福：Martin Seligman 的网站为自我报告问卷调查提供了很好的资源，以帮助人们更多地了解自己，并测试以优势为基础的健康方法。www.authentichappiness.sas.upenn.edu/Default.aspx
> - 积极心理学中心：该研究中心研究以优势为基础的方法，帮助人们茁壮成长。它推动科学研究，开展培训，并提供有关积极心理学领域的信息。www.positivepsychology.org
> - 追踪你的幸福：此项目通过提供手机应用程序来追踪幸福的具体情况或时间。它还为提升幸福感提供建议。www.trackyourhappiness.org

Lyubomirsky、King 和 Diener（2005）对幸福或积极情感的影响进行了深入的 Meta 分析。他们对 275 000 多名参与者参加的 293 个研究组进行了评估。他们发现，快乐的人们比他们那些缺少快乐的同伴更有可能拥有完满的人际关系、较高的收入、工作上的成就，参与更多的社区事务，拥有健康的身体并长寿。他

乐于助人的朋友、同学和同事会帮助你分担工作量，为你的生活增添快乐。

们的研究发现，下面列出的内容是可以增强幸福感的窍门：

- 发现积极的社会支持资源和活动
- 对自己和他人都慷慨地奉献自己的时间、精力和热情，包括做志愿服务
- 对自己和他人有积极的认识：给予无条件的爱和仁慈
- 寻求满足与平静
- 解决问题，并具有创造性
- 讨人喜欢，乐于合作（与他人友好相处！）
- 采取积极的应对方式和健康的行为
- 练习专注，并珍惜和他人在一起的时光
- 减少对自己和他人的批评

我的幸福计划

Sonja Lyubomirsky（2007）和《幸福计划》一书的作者 Gretchen Rubin（2009）列出了每周或每月提升你生活幸福感的练习。

开始

以下是1周内（或其他特定的时间段）可以尝试的活动列表（Lyubomirsky，2007）：

- 学会感恩
- 积极向上
- 寻找社会联系

- 致力于一个目标——寻找激情
- 学会专注——专注于自身所行、所言
- 学会宽容
- 寻找"心流的体验"（那些让你忘却自我的活动和游戏）
- 发现你所行、所言中的意义和目标
- 多做令人愉快的身体活动
- 冥想

为你的幸福计划列一个简短的活动清单是最令人愉快的事情，它易于成为你生活方式的一部分，并对你有一定的价值。

提示

选择一项你愿意参与，并决定投入其中的活动。寻找一种能追踪你活动进程的方法，比如记日记或做图表。

结束

一定要回想一下你的幸福体验是如何变化的。

基于Lyubomirsky，2007。

播种快乐的种子

这个活动提醒我们：幸福要靠自己来创造，没有人能使我们获得幸福和快乐；反之，对于别人的幸福和快乐，我们也帮不上多少。

开始

专注的坐姿。

提示

1. 花些时间去放松和呼吸，想象发自内心的吸气和呼气。真正努力去关注自己的幸福。

2. 回想一下生活中你希望去尽情享受的事情，或花时间去回味一种你曾有感到高兴或有趣的经历。尽力去描述你在这段时间里的感受。

3. 静坐片刻，让你感受到的这种情感体验渗透到你的每个细胞里。

结束

注意你对快乐、乐趣和幸福的感受是如何影响你一天的其余时间的。

欢 笑

在紧张的压力阶段，你可能会惊讶于幽默是如何进入画面来缓解紧张的。人们把开怀大笑看做是一种内在的锻炼，它可以减少应激激素，提高免疫系统功能，为血液提供氧气，并使膈肌和腹肌得到锻炼。使用幽默应对压力是人类的天性。它是一种让人们在混沌中看到希望的方法，它让人与他人分享光明，释放毒素和压力。你有过喜极而泣的经历吗？

Norman Cousins 是一位由于自身健康没有得到改善而感到沮丧的医生。他在其著作《疾病的解剖》（1979）一书中强调了欢笑和幽默在他自己与心脏病做斗争并康复过程中的重要性。实际上，他运用欢笑治愈自己疾病的做法成为一个发表在主要医学期刊上的案例研究。他喜欢看 Marx 兄弟的电影，认为他们才是那个时代（20 世纪 30—50 年代）的喜剧天才，并且直到今日仍受到欢迎。现在，许多医院都有欢笑室和小丑。企业运用幽默疗法来提高员工的动力。

幽默有许多形式，包括黑色幽默、马桶（potty）幽默、戏仿式幽默和反讽式幽默。关键是要强调并非所有的幽默都有趣。当取笑或贬低某一特定群体时，是以牺牲别人的感受为代价的，是无礼的。这也许会让我们感觉高人一等，但会给别人带来痛苦，或使情况变得更糟。

欢笑瑜伽

国际欢笑瑜伽是一个致力于将无条件的大笑和瑜伽呼吸相结合的基金会。开始的时候，和别人站成一圈无缘无故地大笑会让人觉得有点儿奇怪。然而，我们的身体并不知道这笑是真是假，它只是从中受益。最终，笑声变得很有感染力，就像打哈欠一样，你无法控制自己！世界各地都有欢笑俱乐部——成员们聚集在一起只是为了笑，取得会员资格和参加会议都是免费的！http://laughteryoga.org

保存幽默作品集

幽默作品集是在压力环境下使你保持幽默感和让你欢笑的资源库。这个资源库可包括笑话、视频、影片中的语录、照片或情景描述。你可以试着自己编一些笑话或滑稽素材。为自己制定一个目标，每天都要发现一些幽默的事，不要把所有的事情都看得那么严重。学会看到生活的闪光面。

艺术治疗

专注于以非语言方式表达情感的艺术疗法或许是一种不可思议的压力管理方法。比如一幅画，可以描绘出需要千言万语才能表达的情感。但需要强调的是，在这种情况下进行艺术创作可不是创造一件产品（比如一件艺术品），而是注重艺术创作本身这个过程。起初，学生们常常嘲笑自己的艺术创作能力，但他们却能绘出涂鸦、各种形状、图案或画卷,他们会享受这个过程。将注意力集中于这些符号上可能是一种认识和处理压力的有力方法。在艺术治疗中,我们除了专注于使用的符号或图标之外,还专注于所选择的颜色。一旦你完成绘画,要给自己时间去解释图画的内容。这幅画向你表达的是什么意思?记住,艺术创作没有所谓正确的方法,它们都是对的。你赋予创作的意义是关键所在,也是治疗的一部分。因此,一定要把你的全部思想都提炼出来,避免与其他作品竞争或做任何比较,不做评价,并且尊重你自己不与他人分享作品的权利。

在剪辑艺术的和拼贴图像的数字时代,我们可能已经丢失了用实际材料进行创作的机会!当你在进行艺术创作时,要保证在尽可能多的材料中(比如蜡笔、墨水、彩色铅笔、手指画颜料、彩色蜡笔和涂料)去选择多种颜色。可塑黏土也是一种选择。用白纸来创作更多的艺术品是一种经济实用的方法。将一些织物、珠子或"捡到"的物品(从自然界或街上捡到的)放在你的作品上,来增添你作品的丰富性和质感。

下面是一些值得去探索的艺术形式:

- 自画像——我是谁
- 平静的景象、治愈性图像或梦境
- 曼陀罗(含有宗教意味和一定意义的圆形图像;Cornell,2006)
- 情绪面具(你会如何隐藏或掩饰你的真实感受或情绪)
- 你情绪状态的拼贴画

艺术可以成为你表达情绪的一种创造性的发泄方法。

处理负面情绪

在这个忙碌的世界里，我们很少花时间去探索自身的感受；我们更倾向于隐藏、压制，或以不健康的方式来表达我们的感受。人们以各种理由拒绝接受自己的情绪，包括认为它们不重要、混淆各种情绪与想法，或没有意识到它们的存在。不承认自身的感受会导致压力的产生，也会对健康的各方面产生决定性的影响。例如，压抑悲痛会产生压力，因为身心需要通过表达这种伤痛来治愈。

担忧、内疚、愤怒和恐惧等情绪会让我们更易于受到压力的影响。当这些情绪成为习惯性的反应，达到一定程度并成为我们个性的一部分时，我们的健康就会恶化。4 种基本的人格类型与个体如何应对压力有关（Miller，2005）。关键问题是第 1 章中讨论的控制点的概念。控制点指的是我们对压力情景的态度。如果我们相信自己有能力做出选择，那么我们就具有内部控制点（内控点）。如果我们在一种自认为无法控制的情况下感到绝望、受到伤害、依赖他人和失控，我们就有了外部控制点（外控点）。

- A 型人格的特点是：总是匆匆忙忙，具有竞争性，有紧迫感，且易于从事多项工作。具有 A 型人格者感觉受到内控力的驱使，他们会把事情做好。如果这些行为不能与压力管理措施（如放松和专注力）保持平衡的话，就可能成为压力的来源。
- B 型人格的特点是：放松并且随和，不容易有压力。具有这种人格类型的人似乎是进行压力管理的典型代表。然而，B 型人格者有外控点：他们经常认为别人会比他们把事情做得更好，或者告诉他们该做什么。因此，他们经常不采取任何行动，而且还拖延时间。这些压力实际上会更多地落到那些与 B 型人格者共事的人身上，而不是 B 型人格者自己。因此，他们经常在最后一刻完成工作，而且质量较差。对那些有 B 型人格倾向的人来说，关键是要为重要的职责制定一个行动计划，并保证将计划贯彻到底。
- C 型人格的特点是：谦逊温和，自己不做决定，而是让别人做决定。这会转化为一种与绝望和受害感相关的外控点。具有这种人格类型的人易患抑郁症。那些具有 C 型人格特点的人可以用本章中的各种活动来应对不良的情绪，并尽量多做培养内控点的事情。

@ 网络链接

曼陀罗
曼陀罗项目：该公益组织致力于通过艺术和教育促进内心平和。www.mandalaproject.org

应对不良的情绪
- Queendom：由探索频道主办的这个网站提供包括焦虑、自信和乐观等健康相关问题的小测验。http://discoveryhealth.queendom.com
- 过好你的生活：这个公益组织的网页是由美国心理健康协会赞助的，它提供帮助应对压力的方法。www.liveyourlifewell.org

- D 型人格或忧伤人格的特点是：长期经历并压制自己的负面情绪，比如无法控制的敌意和攻击性。另外，具有这种人格类型的人会有受到社会孤立的倾向（Miller，2005）。这类人会感到无助和绝望，有外控点，并易于患冠状动脉疾病等。这种性格的人如果找到他们可信赖的朋友，并练习积极主动地处理负面情绪，尽可能避免愤怒，也可以很成功。

人格与压力管理小组活动

此活动要求学生们想办法，主动应对潜在的、有害的人格类型，并提出针对每种人格类型可以采用的压力管理活动。

开始
学生们将以小组的形式进行活动，每组 3 或 4 名学生。

提示
1. 花些时间讨论 4 种不同的人格类型，并回忆一下你生活中认识的具有这些性格特征的人。不需要学生说出任何人的姓名，但可以说"我认识某个……"。

2. 以小组的形式讨论这些人格类型会如何损害健康。举例说明你可能因这种人格类型而经历过的事情。

3. 讨论一下，针对每种人格类型，可建议采取哪些压力管理练习，以便拥有更健康、和谐的生活。

结束
小组活动结束后，每个学生都要反思自己是否具有某种人格类型特征。同时考虑一下，为了更健康、和谐地生活，他们愿意进行哪种压力管理活动。

愤怒

"愤怒是一种情绪，其特点是对自认为故意犯错的人或事产生反感"（American Psychological Association，n.d.b）。愤怒是识别对自己或他人的真正侵犯或威胁的一个重要提示——例如，当我们的感情受到伤害时，我们会很愤怒。当我们的需要或期望没有得到满足，或当有人破坏我们的规则时，就会导致愤怒。要尽早正视愤怒，而不要任其发展并恶化，这点很重要。愤怒是对特定事件的暂时反应，而敌意则是由憎恶和仇恨引起的一种较持久的态度。

@ 网络链接

愤怒管理
- angermgmt.com：该网站提供有关建立更好的人际关系的信息。http://angermgmt.com
- 美国心理学协会：在愤怒控制你之前，先控制住它。www.apa.org/topics/anger/control.aspx

当有人破坏规则，进而激起你内心的反应时，就会引发愤怒。以下是一些你可以采取的措施，以改变你如何看待一个被破坏的规矩或未满足的期望：

- 透过表面去看，是什么激起了你的愤怒？
- 更加设身处地地理解他人的行为，以及他们为什么会不坚持或遵守规则。重新审视这个规则！
- 让自己摆脱愤怒的情境，这样愤怒就不会发展下去。你可以给愤怒的情绪一些空间和时间，让它们过去。可以从 1 数到 10，外出散步，或找一些事情来吸引注意力。
- 转移自己的注意力：锻炼、听音乐、大笑。
- 把你的愤怒情绪引到积极的行动上，要自信。
- 从不同的角度来看待眼前的情况，丢弃不现实的期望。
- 学会放手和宽容。

每个人都有生气的时候，这没关系。最关键的不是反应本身，而是你如何退一步，如何处理，以及如何回应愤怒。

极力通过尖叫或捶枕头来驱散愤怒，实际上是给应激反应增加负面影响，特别是这样做会增加皮质醇的释放。更好的选择应该是进行一些身体活动。

愤怒情境的自我评估

这个活动让你来探索导致愤怒的情景，然后反思自己是如何摆脱这种情境的。

开始

带着日记专注地坐着。

提示

1. 现在确定一个让你愤怒的情景。哪些是人们达不到的期望或无法遵守的规则？
2. 思考愤怒在身体和情绪上的表现。
3. 识别那些因为未达到预期或违规而产生的任何其他情绪，比如失落或悲伤。
4. 逐一处理下列问题：

a. 确认你的感受——你的反应是否得到了证实？
　　b. 检查是否存在任何夸大的感受。
　　c. 探究未达到预期或违规的原因。

5. 确定你可以利用哪些内控点，比如做呼吸练习、背诵名言警句、制定目标、运用更好的人际交流、改变你的自我对话或运用讨论的方式（第4章中有所描述）。当再次面临这种情况时，回忆你曾使用过的压力管理方法。

6. 从他人的角度来看待这种情况。你是否能设身处地地理解对方的观点？你是否愿意思考一下是什么原因让对方一开始就违反规则，或不满足你的期望？你能为这种情况承担自己的责任吗？

结束

反思你个人的健康状况，以及愤怒对它的影响。下一步你打算采取什么措施来化解这个愤怒？

抑郁

你如何知道你的悲伤是正常的，还是有问题的？根据世界卫生组织（WHO）的定义，"抑郁是一种常见的心理失调，其特征是伤心难过、失去兴趣或乐趣、感到内疚或自我价值很低、睡眠或食欲紊乱、感觉疲劳，以及不能集中注意力。抑郁可能是持久或周期性的。它极大地损害人们处理日常生活的能力。在抑郁最严重的时候，会导致自杀。对于轻度抑郁，人们可以不用药物治疗，但当抑郁发展到中度或重度时，就需要药物和专业心理医生的治疗了"（WHO，2012）。值得注意的是，这里描述的许多情绪健康活动都可以用于治疗抑郁症患者。

内疚、忧虑和焦虑

人们经常会把压力的产生归因于各种恐惧，比如对拒绝、未知、失败、丧失、孤独和失控的恐惧。内疚和担忧这两种情绪几乎是产生所有压力的罪魁祸首（Dyer，1976）。

内疚被定义为我们做错事情时的情感体验，比如撒谎、不遵守诺言或故意伤害他人的感情。内疚主要源于过去的行为。许多压力是太专注于过去的事情而导致的，但这些事是我们无法改变的。因此，现在你可以做下面这些事情：

> **@ 网络链接**
>
> 抑郁
> - 美国心理学协会：该网站提供大量关于心理健康主题的文章，包括抑郁、压力和压力管理．www.apa.org
> - 美国自杀学协会：该组织致力于理解和预防自杀。www.suicidology.org

- 问问你自己：我能做些事情来扭转这种局面吗？
- 原谅自己，并将精力集中于从过去的事件中得到的教训上。
- 停止责备自己。
- 看看自己能做些什么来改变这种情况，比如道歉、承认自己错了或给予赔偿。

忧虑被定义为对未来的担忧，尤其是对即将发生事情的不确定性的体验。忧虑会导致焦虑，进而产生应激反应和有害激素的级联反应。要记住，我们无法控制未来，而我们经常会花很多时间和精力去担忧我们无法控制的事情。马克·吐温曾经说过："我一生经历了太多的忧虑，但大多数忧虑的事却从未发生过。"焦虑是对过度忧虑和恐惧的生理及心理反应。下面是一些应对忧虑和焦虑的技巧：

- 准备好应对可能出现的紧张情况，这样你就不会感到无能为力了。
- 放慢速度，使用呼吸、放松和增强自信的方法。
- 了解防御机制，你可以用它来保护你的自我意识或感觉（将在本章的后一节讨论一般的防御机制）。
- 使用第4章描述的解决问题的方法。
- 使用辩论技能（例如，对你的担忧进行检验——也在第4章里描述过）。
- 活在当下。忧虑和恐惧源于对未来的推测，并且往往是关于一些永远都不会发生的事情。

不良情绪箱

在这个活动中，将你所有的忧虑、内疚感和担忧全部写在一张大纸上，或者你在脑海中想象一张这样的表。如果你的大脑正忙于应付各种任务和截止日期，而你又想睡觉，那么这个活动会很有用。如果你有反复思考问题的习惯，这个活动也会很有帮助。

开始

专注的坐姿，旁边放着铅笔或钢笔、几张纸或一本日记，以及一个废纸篓或其他大容器。

提示

1. 做几次集中精力的深呼吸。

2. 将你现在面临的不良情绪列一张表，包括所有让你感到压力的担忧或内疚的想法（把它们写下来，或者在脑海里列一张表）。

3. 现在，撕掉你列表中的每一项，把它们堆起来，然后扔进废纸篓里。每扔一次都小声对自己说："我把它放走了。"

4. 在你把这些不良情绪扔进废纸篓里时，要避免被这些不良情绪抓住不放。此刻，你正在努力放走这些不良情绪。重复对自己说："现在，我摆脱了这些不良情绪。"

结束

回想一下在短时间内丢弃不良情绪是什么感觉，即使它们可能很重要。思考放手可能会带给你的帮助，这样你就可以做一些积极的事情，比如睡觉和学习。

恐惧

恐惧是我们面临身体或情感上的危险时的内心感受。恐惧可能是一个真正的危险警示，比如面对一条有攻击性的正在咆哮的狗，或是对未来的担忧。恐惧是人类生存所必需的。我们可能经历过身体上的恐惧，并相应地调动应激系统来进行战斗或逃跑的准备。然而，我们的许多恐惧并不是对身体威胁的反应，而是源于对自我认知的威胁。我们害怕被评判、抛弃或拒绝。问题是，无论我们的恐惧是对真实威胁的反应，还是对情感威胁的反应，我们的身体都会产生应激反应。

你可以采取下面一些措施来应对恐惧：

- 承认并正视你的恐惧。
- 将恐惧视为别的东西，比如挑战或一种利用你优势的机会。
- 采取行动。

应对恐惧

这个日记活动为探索正确应对恐惧的健康认知提供了机会。

开始

带着日记专注地坐着。

提示

1. 描述一种你经常感到恐惧的情景。对于这种恐惧，你能做些什么呢？为了继续前进并学会面对这种可怕的情况，你想要做些什么？
2. 你能制定一个目标来应对这种情况吗？
3. 为了实现这个目标，现在和将来你愿意采取哪些措施？
4. 为了继续前进，你需要哪些资源和支持？
5. 为了继续前进，你需要摒弃哪些态度和清除哪些障碍？

结束

花时间思考一下你将采取什么措施来应对这种恐惧。

悲痛

悲痛是我们丧失至亲或绝望时产生的一种情感。健康的悲痛形式是悲伤。不健康的形式是让悲痛笼罩你的全部生活，使你无法采取措施去处理这些情感。这种情感大多与死亡相关，但当我们失去一段关系、健康受损、丧失独立性或失去一些宝贵的机会时，也会悲伤。

处理悲伤

这个日记活动教你如何面对失去、失望或失败，如何继续前进。

开始

带着日记专注地坐着。

提示

1. 描述一种你经历过的丧失、失望或失败的情感。
2. 回想你从这种经历中得到的感悟，以及为了继续向前并接受这种情况，你想要做些什么。
3. 你能制定一个目标来应对这种情况吗？
4. 为了实现这个目标，你现在和将来希望采取哪些措施？
5. 为了继续向前，你需要哪些资源和支持？
6. 为了继续向前，你需要转变哪些态度和清除哪些障碍？

结束

花些时间去处理你的悲痛，并给予它所需要的关怀，进而使自己从悲痛中解脱出来，继续向前。好好体会一下这些感受。

防御机制

防御机制是当我们的自我感觉受到威胁，或做出战斗或逃跑的反应时，我们抵制威胁和保护自己免受伤害的一些方法。我们回避或为自己的行为找借口，是为了减少焦虑和避免冲突。运用防御机制把注意力从困扰我们的事情上转移开会成为一种习惯，但这也会使压力更大，并阻碍个人成长和取得成就。一般的防御机制包括：

- 否认：否认发生过这种情况。
- 依赖：依赖他人会让你自我感觉更好。
- 取代：消除对某人或某事的不良感觉。
- 幻想：逃避到一种对现实的幻想中。
- 无望：不乐观或不抱有希望，以防失望。
- 理智化：通过反复思考和合理化来找借口。
- 最小化：淡化事情的重要性。
- 投射：赋予他人消极的品质。
- 合理化：通过有缺陷的推理，为这种情况找借口。

- 退化：使用以前的，但不适合目前情况的处理方法（比如发怒）。
- 压抑：不接受，也不表达情感。
- 自我挫败行为：刻意阻碍或拖延以避免进步。
- 升华：用更多社会可接受的行为来取代不可接受的行为。

基于 Connor，2005。

防御机制侦探日志

读完上述防御机制列表后，你会在政治、新闻和真人秀节目中发现它们。看到他人身上的防御机制有助于你发现自己身上的相关特质。

开始
带着日记专注地坐着。

提示
1. 花 1 周时间，大概记录一下人们使用这些机制的实例。

2. 回忆一下，你过去什么时候使用过相同的防御机制。回想一下这些防御机制出现在别人和自己身上时你的反应。例如，你可能会嘲笑为超速行驶而找借口的人，说他必须准时上班，如果他不工作，就无法养育孩子，并且指责警察不关心他的孩子（合理化）。现在想一想你可能会如何为自己的超速行驶辩解。

结束
反思自己经常在什么情况下使用防御机制（比如临近项目截止期限）。除了防御机制外，你还能采用更好的应对技巧吗？认真体会防御机制是如何保护你自己或自我意识的。代价是什么（比如冒犯或疏远朋友）？

总 结

在阅读本章有关情绪健康的内容时，你是否在某些时候对使用情感压力管理方法感到抵触？这就引出了"继发性获益"的问题——陷入不良情绪中的好处（例如，当我们悲伤而不能处理问题时，别人就会替我们承担责任）。陷入消极的情绪中，且不采取任何促进健康的方法来处理和解决问题会危害我们的健康。保持情绪健康对身心健康至关重要。你可以努力提高自己的幸福感，这些方法包括：培养快乐、积极上进、乐观的品质和同情心，大笑，尝试使用音乐疗法，采取艺术疗法，并使用多种智力形式来减压。

第 4 章将探讨智力健康和压力。要区别思维（智力过程）和与思维相关的情感是有难度的。本章的目的是了解情绪是如何影响我们的思维以及随后的行动的。然后以增进健康的方式，通过使用压力管理方法去调节和表达情绪。

第4章

智力健康

> 我一直想知道我的生活将会把我带向何方。现在我明白了我能做到，因为我知道我所说的和发生在我身上的事之间有直接的联系。
>
> 詹妮弗·哈德森（Jennifer Hudson）

要区分是我们的行为决定了我们的信仰，还是我们的信仰决定我们的行为是很难的。佛教心理学提出了一个有趣的观点：你的大脑只是你的一个感知器官，它不反映你是谁。大脑思考正如耳朵聆听一样，思考只是大脑的一项功能。

了解自己的感知和自己对事件的认知是压力管理最关键的部分。通常不是事件，而是我们对事件的解释导致了压力，但我们可以控制我们的解释。我们可能认为某人"让我们感觉很糟糕"，而实际上这个人只是危及了我们的幸福感和舒适感。赋予情境的意义决定了结果。相信在这种情况下我们拥有权利或控制力会给我们带来一种掌控感，而不会让我们感到失望和无能为力。

我们引发压力的其中一种方式是反复琢磨——也就是说，不停地思考令人不安或不公平的情况，而不愿意让它过去或摆脱它。我们不断地重温争论，回想对方是如此令我们生气。我们以这种方式在应激反应下的恶劣环境中煎熬。这种环境所致的闭合回路使事件持续反复地出现。随着循环的持续，情况会变得更可怕而不合情理，这就是我们所说的"糟糕透顶"。

Daniel Amen（2008）在其著作《任何年龄都有伟大心灵》中提出，我们的大脑可以重新连接以建立更健康的联系。这一概念被称为神经重塑，就是说大脑具备刺激新的神经通路产生和创造新的脑细胞（神经细胞）的能力。大脑的这些功能可以通过本章所介绍的活动而产生，比如冥想、创造性想象和重组。

我们在任何年龄阶段都有能力去改变。消极思维是一种使大脑产生过激反应的习惯。我们可以改善大脑前额叶皮质的这种连接，以提高我们的批判性思考、创造性以及冲动控制能力，从而帮助我们借鉴以前的经验。这一点在青少年和青年人中尤为重要，因为在 25 岁以前，大脑的前额叶皮质还没有发育完善。不健康的选择和习惯会严重地影响大脑这部分的发展。Amen（2008）开展的关于保护大脑的最佳方法的研究支持本书提出的许多建议，内容包括：

- 保持充足的睡眠，这对脑细胞的修复和生长非常重要。
- 健康饮食并保持身体有充足的水分。大脑使用了人体能量的 20%，并需要大量的水才能发挥作用。
- 积极锻炼身体。身体活动能够增强血液向大脑的流动，从而排出毒素。
- 不饮酒。酒精是一种利尿剂，会降低大脑学习和记忆的能力。
- 不吸烟。尼古丁会减少血液向大脑的流动。
- 不要过度饮用咖啡。咖啡是一种利尿剂，会干扰宁静的睡眠。

解决智力健康方面的问题要求我们思维开阔，尽可能扩展我们的眼界。众所周知，积极的信仰或意念与有效的行动和成功并存。通过运用正念、解决问题、设定目标、辩论、增加想象力和创造力等方法，你可以转变对压力情境的看法，从把它们视为障碍和问题到把它们看做是挑战，甚至是机会和解决问题的办法。正如Charles Rosner所言："如果你不是解决问题办法的一部分，那你就是问题那部分。"

正　念

以正念为基础的减压方法（MBSR）在压力管理领域里发挥了重要的作用。马萨诸塞州Worchester市马萨诸塞大学医学中心的乔·卡巴-金（Jon Kabat-Zinn）在最近的三十多年来一直在不同人群中（包括成人和儿童）使用以正念为基础的减压方法。这里介绍Kabat-Zinn使用的一种古老的正念冥想法——"内观冥想法"，意思是"清楚地查看"，换句话说就是清楚地观察自己的各方面。

正念是不许有任何的评判、同情和好奇，仅集中于当前目标的行为（Kabat-Zinn，2009）。根据Richard O'Connor（2005）的观点，因为正念是超然和客观的，所以它代表了"冷静"（"cool"）。"冷静"是不需要得到外界其他人认可的，它是一个人具有内控力的自信。正念（即选择活在当下）能够协调内控点的转移。与之相反的状态被称为注意力涣散——给予想法过多的信任，从而让它们主宰一切，我们追随这些想法并被引领到任何可能的地方。

当注意力集中时，我们不会否认或遮掩压力导致的症状。相反，我们会凭借自己的经验坐下来，不带任何执念或评判地询问这些身心信号所传达的信息是什么意思。我感到背痛或许是在告诉我自己承担了太多的工作和责任吧？我感觉疲劳或许是在告诉我现在做的太多，而应该简化和少做吧？

正念的一个重要方面是接纳。我们接纳自己身体的感觉、思想和我们的感受。我们带着这些感受坐下来，观察它们，不要评判和参与所有与这些感受相关的情节和描述。我们可以在制定目标和采取行动的同时与这些不良情绪和平共处，这点很重要。正念旨在抵制这种让我们的精力被无用的习惯性想法带走的倾向，比如"我很蠢"或"没人喜欢我"等想法。这种想法剥夺了我们现在的生活质量。

@ 网络链接

正念

- 医学、保健和社会正念中心：该组织开拓了以正念为基础的减压医学研究的先锋。www.umassed.edu/content.aspx?id=41252
- UCLA 正念意识研究中心（MARC）：该网站有许多有关正念的信息和研究。http：//marc.ucla.edu
- 正念意识研究中心（MARC）还提供免费的冥想播客。http：//marc.ucla.edu/body.cfm?id=22

在训练正念时，一般是通过释放无用的情绪和想法、享受当下，从而管理压力的。我们可以将压力看做是对过去或未来规划的反应——这两者都超出了我们的控制范围。正念帮助我们选择充实地活在当下，并专注于眼前而不是应激反应。

训练正念或"集中力"很像训练一只小狗。当你感到心烦意乱时，不要惩罚或责骂自己，而是要带着善意、同情和耐心回到当下，这是关键。走神和不集中是大脑的一个习惯。这很正常！练习正念有助于消除应激反应，以防止感官超负荷，还可以整理思路。我们关注眼前和自己能力范围内的事情，这并不意味着我们不规划未来。我们只是以一种正念的方式来规划未来，即好奇、开放和不评判。

你可能会发现自己不习惯于静坐。正念的一个重要部分是注意出现的感觉。我们希望对一切都敞开心扉——不试图阻止自己的想法、感觉和情感，并且不带有任何的执念或评判地去了解它们。

下面列出了正念的要点：

- 客观，不评判
- 承认一切
- 不挣扎
- 自我关怀
- 时刻关注当下

活在当下，而不是沉湎于过去或担忧未来，这样你才会专心。现在体验你此刻的感受。

- 放手且允许
- 自食其力
- 保持清醒

将正念引入你日常生活的方法有很多，下面提供了一些例子。

- 起床之前，花 5 分钟时间保持安静不动。你可以冥想，阅读励志的文章，保持安静，或伸展肢体。
- 在汽车里时——等红绿灯或热车时——进行专注的呼吸。
- 在你保持正常姿势（站立、坐下、躺下）时，注意你的身体是否紧张。你是否紧握方向盘？在笔记本电脑上工作时，你的双肩是否向上耸起？你睡觉时，是否牙关紧闭？
- 消除你身边的干扰（开车时听汽车广播，吃饭时看电视，学习时打电话）。
- 尊重你生活中的一些转变。与其急匆匆地冲出房间去上第一节课，不如花点时间暂停一下；做几次呼吸。
- 专心休息。在餐桌旁吃午餐，而不是在书桌旁进餐；外出散步，而不是喝咖啡、狼吞虎咽地吃零食或抽烟。
- 给自己设定专注的时间，提醒自己停下来，深呼吸，安静一会儿。在你的手机上设置一个闹钟，每小时响一次；每当你坐在办公桌旁，或打电话前都这么做。
- 安静地吃饭，不要读报纸或看电视。
- 寻找细微的专注时刻，比如走向你的汽车、驾驶、洗衣服、淋浴、洗盘子、在电脑上下载东西、等候接听电话时。
- 练习专心交流。积极地倾听和用心说话。
- 表现得像个孩子。当你还是个孩子的时候，在你通过游戏创造新世界时，不会带有那么多的评判或审视——你只是享受这个过程。你用一种被称为初学者心态的方式来处理事情。

专注呼吸的提示

写下你在生活中可以练习正念的时间——在学校、工作场所或家里，以及在刷牙或步行上学等常规活动中。采用一些方法来提醒自己练习正念（比如在手机上设置闹钟、采用即时贴等）。

行走冥想

此活动以步行为重点。

开始

找一个安全的地方行走——一条小路或开阔的空间，比如一块草坪或一个室内空间。一条 10～15 英尺（3～4.6 米）长的走廊是最理想的地方。赤足进行这项活动会很好,可以真切地体会与地面接触的感受。

提示

1. 缓慢而小心地走10步,就像你在做行走的慢动作。尽量慢走,并夸张地抬起每只脚,将它放在你前方的地面上。注意行走的每个方面,将注意力完全集中在两臂、身躯、双腿和双脚以及呼吸的运动上。

2. 继续专注地行走。如果你注意力不集中,就停下来做几次深呼吸,再继续慢步前行。

结束

站直,闭上双眼,做3次放松的深呼吸。

户外行走冥想

这个活动专注于感受户外的声音、气味和颜色。

开始

找一块你可以安全地练习专注行走的户外空间。

提示

当你在户外专心行走时,注意如下几点:

1. 你能注意到多少种气味?
2. 有多少形状和颜色?
3. 能听到多少声音?
4. 能看到多少景色?
5. 你感受到了哪些质感?

结束

花时间回想一下将专注于自然环境作为压力管理方法的感受。

以正念为基础的冥想

这个活动专注于呼吸、身体、声音、情感和思想。此脚本用于缓慢地建立一个正念冥想练习。冥想是灵活的,你可以选择专注于以下任何事物:

- 一个区域
- 互相连接的每个区域
- 你想到的任何区域

开始

专注的坐姿。

提示

1. 专注于呼吸。将注意力集中于你的呼吸上,不要改变它。无论你的呼吸出现在哪里,只观察它即可。有意识地把你的呼吸连接起来。注意你自然呼吸时的所有感觉。只要你愿意,就保持这种专注。

2. 专注于声音。将注意力集中在你能听到的任何声音上，并说出它们的名称。倾听你呼吸时呼气和吸气的声音。继续倾听的同时不要进行内心对话；只说出那个声音，然后保持安静，直到下一个声音引起你的注意为止。只要你愿意，就保持这种专注。

3. 专注于身体。将注意力集中在你的身体上。注意你出现的任何感觉。通过说出每种感觉的名称来确认它，但不允许以内心对话或描述的方式开始。只要你愿意，就保持这种专注。

4. 专注于情感。将注意力集中于你能感觉到的任何情感上。说出每种情感的名称；如果你不知如何表达自己的感受，就只用一个词简单地把它记下来，比如不舒服、困惑。保持觉察，但不要进行内心对话。只要你愿意，就保持这种关注。

5. 专注于思想。观察你现在的任何想法。当出现某个想法时，尽量简单地给它贴上标签（比如思考、计划）。不要给它提供能量，也不用它来编故事，让这种想法消失。

6. 灵活地专注。专注于出现的任何区域，保持现状，对出现的任何事物保持好奇心，不要忘乎所以。只是观察，不要有任何的评判或执念。

7. 现在，想象你正在岸边观看潮起潮落。让你的呼吸、声音、身体感觉、思想和情绪就如同海浪一样涌进、涌出。就让它们这样，出现又离去。见证这种不断的变化，不要陷入其中。观察这种潮起潮落，不要分析或控制，只要意识到即可。

8. 当你慢慢陷入一种深深的寂静时，倾听你的呼吸，只有你呼吸的声音轻柔而安静地时隐时现。当你的身体外部变得柔软时，你的身体内部就会感到明亮。当你消除、融化、放开或抛开任何挥之不去的紧张、紧绷或疼痛感时，你就会发自内心地微笑。

结束

做几次深呼吸，然后慢慢地停止冥想练习。庆祝自己花时间来练习正念。

吃葡萄干

这项活动是通过各种感官来培养正念。它也是用来建立专心进食意识的一项重要练习——花时间去品尝、咀嚼和体味我们的食物。

材料

一些葡萄干或几块饼干，你也可以选择其他食物。

开始

专注的坐姿。

提示

1. 在这个活动中，当你吃东西时，要专注于你的所有感官。尽量不要去评判你对所吃食物的喜好和记忆，只集中于专心进食的体验。

2. 拿起一颗葡萄干（或饼干，或是你选择的任何食物），观察它。注意它的颜色、形状、质地和重量。尽量多用你的眼睛和手指去感受它。

3. 花点时间闻一下食物，然后把它放在你嘴唇之间。先别咬它，感觉一下它的质地。

4. 把食物放在你的舌头上，别咬，先尝一下它的味道。然后，将它放在你舌头周围的不同部位。在你吃掉它之前，先咬一口并细细地咀嚼它。在你吞下食物前，数数你能完成多少次咀嚼。

5. 注意在咽下食物的那一刻，你嘴里是怎样的感觉。注意食物的回味。静坐片刻。

6. 你可以用新的食物来重复这个过程。

结束

回想一下缓慢而专注进食的感觉。

内心的时钟

在这个活动中，你将探究自己花在保持专注上的时间。

开始

带着日记专注地坐着。

提示

1. 画一个大圆圈。根据你一天中花在各种事情上的时间多少，把这个圆按比例划分。这些事情包括通勤、进餐、工作、学习、与朋友交谈。

2. 在各部分中，用深一些的颜色标出你用心（全身心地）做事情的部分。

3. 回想一下你注意力不集中、忙碌或专注于身外之事所花费的时间。

结束

设定一个目标，保证你在生活中的某个方面更加专注。

@ 网络链接和资源

专心用餐

- Albers, S. (2006). *Mindful eating 101: A guide to healthy eating in college and beyond.* New York: Routledge Taylor Francis Group.
- Cleveland 诊所的心理学家 Susan Albers 博士提供了一个名为"专心用餐"的网站，她在从事大学生工作和专心用餐方面有着丰富的经验。这个网站向你展示了练习专心用餐的许多方法。http://eatingmindfully.com/mindful-eating-tools/

冥　　想

冥想这个词会让人联想到盘腿而坐、发出奇怪声音的画面。这可能会有助于将冥想当做一种集中注意力的方法。冥想是一项能增强我们专注能力的生活技能。

许多人错误地理解了冥想，认为冥想是停止思维或进入一种恍惚的、类似于僵尸的状态。然而，在冥想中，我们是完全清醒的。思想无处不在，但却是短暂的。我们可以有意识地选择不去注意它们。冥想要求我们意识到自己的思想——"哈，我又在思考呢"——然后，利用这种意识慢慢地回到你选择的重点上，比如你的呼吸。意识到思想是冥想过程的一部分，它们不应该是我们抗拒或试图停止拥有的东西。我们可以随意地将它们放在一边，然后回到自己的选项上保持专注。

有关冥想益处的研究很有启发意义。冥想是人们用来使自己变得更集中精力、警醒、专注、有创造力和放松的一种强有力的方法。研究表明，冥想不仅能减轻压力，还能增强健康和快乐感。研究发现，长期练习冥想的人大脑的前额叶——与快乐和健康相关的部分发生了变化（Lazar et al., 2005）。冥想还与缓慢且振幅小的阿尔法波有关。阿尔法波创造了一种有益于健康的宁静状态，包括减轻头痛、降低血压和减少痛苦。

Benson（2000）在其永恒的著作《放松反应》中提出，以下要素是练习冥想的基础：在一个安静之地采取放松的姿势，采用一种精神集中的方法，以及保持一种不争斗或强迫的放松态度。Benson 介绍了在练习冥想和放松时的"被动专注"。这指的是在不评判的情况下集中注意力。他发现，他的病人经常不确定自己在冥想方面是否做得"很好"。因此，他在病人练习冥想的时候

冥想很简单，就是让自己放松，让大脑休息。想象一下，在冥想中，所有困扰你的事情都被冲走了。

对他们进行研究。他发现，不管病人是否认为自己做的练习正确，他们的心率、呼吸频率和耗氧量都有所下降。

这里是一些冥想练习的准则：

- 采用多种形式练习冥想，直到你发现某种冥想形式起作用了为止。如果你很擅长动觉学习（即通过运动来学习最适合你），那你就考虑做行走冥想或瑜伽。如果你是一个听觉型学习者，可以用祷告作为集中注意力的手段。
- 用声音作为你冥想的重点。著名的冥想学者 Jack Kornfield 在其著作《初学者的冥想》中解释说，当我们专注于自己内在和周围的声音时，"我们就打开了冥想的大门，去聆听生命中所有的音乐，去体验我们坐下时的能量之舞。我们使用专注的呼吸，作为一种使自己平静下来并变得平和的方法。然后，我们用这种意识去面对出现的任何善意并接纳它们"（2008，p.55）。
- 要耐心对待出现的所有情绪。明智的原则是：如果是好情绪，不要依恋它；如果是坏情绪，也不要逃避。
- 将一个凝视点或一个关注点作为锚。它可以是呼吸的一部分（例如，气流进入你的鼻孔）、一根蜡烛、一件艺术品、一块天然的卵石或一个护身符（你可以拿在手里并且可能对你有特殊意义的物品）。还有些人会使用串珠。
- 想象将你的情绪或想法投射到大屏幕上。让这些思想的画面自由地来去，不要评论它们，也不要把它们编成剧目或筛选它们，只是观察它们。
- 承认你会注意力涣散。我们的社会充满了各种干扰，而冥想可以帮助我们集中精力做一件事。如果脑子里出现了执念，要注意到它们并消除它们。河面上飘着树叶或树枝的画面会对我们有所帮助。想象一下：你的想法就像树叶和树枝漂浮在水面上那样。关注它们，并让它们漂走吧！
- 当你发现自己在思考时，不要大惊小怪，返回到你的锚上即可。这是冥想的一个必要部分：注意自己注意力分散和又悄悄返回的时间。
- 设定一个稍后再集中注意力思考的目标——因为现在你正在冥想。当这些想法要求你关注时，礼貌地说"稍后"或"请暂停呼叫"。如果这些想法很重要，那你过后可以关注它们。
- 用诸如"思考""计划"或"记忆"等词汇来描述并观察你的这些想法，用词要简单。Kornfield（2008）认为这种描述是"易于了解正在发生的事情的一种辅助手段。你可以使用对你有帮助的东西；如果没有，你只是意识到当下发生的事情就可以了"（p.55）。

@ 网络链接

冥想

美国国家补偿和替代医疗中心：这个中心在美国国家卫生研究院，它提供了大量的冥想研究。http://nccam.nih.gov/health/meditation

> **重点研究**
>
> **正念调查**
>
> Lazar 及其同事（2005）对有经验的冥想者的大脑活动与初学冥想者的大脑活动进行了比较（每组 16 名参加者），他们在冥想、休息和旨在唤起情绪反应的声音刺激下对大脑活动进行了测量。这些声音包括：一个消极的声音（一位悲伤的妇女）、一个积极的声音（一名婴儿的笑声）和一个中性的声音（一家繁忙的餐馆）。研究者们发现两组冥想者在冥想时都表现出了更强的移情反应。专业冥想者的反应更强，尤其是对消极的声音。这可能表明，由于他们进行了大量的冥想训练，移情能力增强了。

- 作为一名新手。许多冥想老师都强调拥有"初学者之心"的重要性。不要不假思索地评判或假设你的训练，以开放的态度来表现即可。问问你自己：在这里我能了解自己什么？期望会使我们分心，使事情不能顺其自然地发生。
- 保证留出时间进行冥想。本章的每个冥想活动都要使用定时器。设置定时器的习惯强化了你进行这项活动的意图。研究显示，变化最明显的是那些每天练习 45 分钟或 1 小时的长期冥想练习者。每天花 1 小时进行冥想，这似乎会有点难以应付。但要记住，重要的是实践。可以考虑每天以正式活动的形式练习 10 分钟，也可以在一天中两三次的休息时间里练习 1 分钟或 2 分钟。
- 在步行或跑步时，将注意力集中于你行进在路面上的双脚或肌肉的感觉。步行通常被用于运动冥想，专注于脚后跟抬起，重心移向脚掌，以及脚趾蹬地的各种动作。当幼儿开始学步时，可练习专心行走；他们完全专注于把一只脚放在另一只脚前面行走。
- 坐直，不要紧张，但要在自己感到舒服的基础上尽量显得强壮和高大。躺下会促进入睡，不适合做冥想。
- 自己可以修改任何提示或建议，使它们为你所用。如果你感觉闭上眼睛不舒服，那么可以柔和地注视你前方几英尺（1 米左右）的地方。

选择祷告词

一种被称为超越冥想（TM）的冥想形式是使用祷告词。祷告词是一种作为专注点或锚点的可反复重复的简单文字、声音或句子。在超越冥想中，精神导师或精神领袖把这个祷告词发给学生。在该活动中，你可以选择你自己的能量词汇。祷告词可以是具有特殊意义的一个词、几个词、一个短句或一个声音，比如"和平"（peace）、"祝你平安"（shalom）、"我很强大"、"唵"（om）。按如下步骤完成"唵"的发声：吸气时，发"ahhh"的声音（一种放松的声音）；呼气时，发"ommm"的声音（满意的声音）。

这里有一个 Thich Nhat Hahn 写的简单的祷告词示例："我平静地吸气，微笑着呼气。"

开始

带着一个定时器专注地坐着。设定定时器，选择进行这个冥想活动所需的时间。

提示

1. 选择你自己的简单祷告词。
2. 一旦你选好了祷告词，就进入缓慢、放松的呼吸。
3. 在每次的呼吸循环中开始对自己慢慢地重复祷告词。
4. 有意识地消除所有想法或干扰。返回你的祷告中，保持内心平和、安静。

结束

想一想，使用祷告词是如何影响你的冥想练习的。

改变扭曲的想法、重新组织或辩论

以优势为基础的压力管理方法强调健康和真实的自我感觉。当我们熟练地运用以优势为基础的压力管理方法时，此时此刻的我们是完整的，而不是支离破碎的。内心的平静和安详常常被源源不断地出现在我们脑海中的对话所打断。

脑海中有许多对话都是消极的，这就是我称之为消极的自我对话的原因。这些消极的陈述可能反映了过去我们的家庭成员、同伴和老师对我们的评论。这些消极的语句已经融入了我们的思维。自我对话是我们通过持续的反馈环路来过滤所有想法和感受的方式。当我们有压力时，我们的认知就会有消极的倾向，并会产生一些不合理的想法，进而推动持续的自我厌恶和憎恨的回路。注意一下你使用"我不能""我从未""我不"或"我应该"这些短语的次数。当我们频繁地重复这些短语时，我们就会相信这是真的，而事实并非如此。这就让我们对自我实现产生了一种失败和悲观的预言。我们的消极自我对话是以自我为中心的、带有批判性的，且集中于我们的不足之处。变消极自我对话为积极自我对话的三种方法是改变扭曲的想法、重新组织和驳斥对方。当我们面临挑战时，积极的自我对话阻止我们专注于消极想法，进而培养一种增强我们健康的重要技能。

改变扭曲的想法

我们的想法很容易变得夸大和扭曲。想法扭曲是指我们有不合理的思维或信念，这些会干扰我们对所处情境进行积极或合理的思考。扭曲的想法有时被称为思维的陷阱，并且会成为一种习惯。我们觉得有理由延长我们的消极思想。

处理这种持续的评判和喋喋不休的批评首先是要意识到它。通常，只要注意到这些陈述是多么的扭曲或有偏见就能让你大开眼界。当我们状态不佳——睡眠不足、缺水或一事无成时，这些陈述会变得很糟糕。David Burns（1999）在《心理调适手册》一书中指出：自我限制的想法和有害的信念会干扰我们采用增进健康的想法（见表 4.1）。

表 4.1　实例：将扭曲的想法转变为现实的想法

想法扭曲	扭曲的想法实例	转变为现实的想法
自责 把事情归咎于自己，或者因为自己有某种感觉而认为自己有责任。	因为我忘了自己本来计划好和朋友们去健身中心锻炼，所以是我不好。	出错是不幸的，但这并不意味着我就不好。
心理过滤 详细叙述负面问题。	A 对我很刻薄。没人喜欢我。	A 虽然对我很刻薄，但还有许多人喜欢我。
以偏概全 把某种情况看做是常态，认为它总是这样。	我身体不好，并且永远不会好。	我可以制订一个计划来增强我的体质。
非此即彼的思维 思维绝对，好像情况要么全是这样，要么全不是这样，或者要么是一种情况，要么是另一种情况，没有中间路线或灰色区域。	我的女朋友/男朋友断绝了我们的恋爱关系，我现在的生活空虚而无意义。	我失恋并不是我生活的全部。
以自我为中心 有种权利感。事情应该或者必须按照你的计划发生，或者你扮演受害者，声称这些事从来都不是你的错。	因为我考试分数很低，所以教授对我发火。	教授很沮丧，因为全班的考试分数都很低。
一切都糟透了 夸大实情，不考虑事实得出消极的结论，或不断地进行悲观的歪曲。只看到最坏的情况（即"糟糕透顶"）。	我今天暴食饼干，没有遵守日常的健康饮食计划。我永远也不可能减肥了。	一天不遵守自己的饮食计划并不意味着我的营养计划失败了。我有能力，并且一定会减肥。
务必 对情况进行限制或不切实际地添加附加条件。认为自己比谁都清楚。采用完美主义的思考方式，使用诸如"应该"和"总是"这样的词。	我必须得到 A，否则我将退学。	我会毕业的，没有得到 A 也不会妨碍我毕业。
没有证据就草率下结论并做出假设。	男生们就这样把我甩了，根本不给我恋爱的机会。	不是所有的男生都这样做。我需要耐心把机会留给下一个男生。

改编自 Burns，1999。

重新组织

当面临挑战，尤其是当我们感到愤怒或害怕时，就会产生目光狭隘的倾向。

更好的计划是拓宽我们的眼界——跳出思维定势，看到大局。重新组织也被称为调整认知，是改变我们对情况认知的练习。当我们采取自我负责的态度时，我们就拥有了真实感，而把挫败和消极的信念踢向一边（Burns，1999）。

重新组织的技巧

- 尽力给这种情况一个积极的解释。
- 正确地看待形势。你如何才能以一种更全面和健康的方式来看待它？尽力去改变你的语言框架，用不那么戏剧化或情绪化的语言来描述情况。
- 如果你不是解决问题的部分，那问题仍然存在。不要"一遍又一遍"地详细叙述问题，维持压力循环。考虑一下，你可以采取什么措施来解决问题？制定一个目标，不要让任何烦扰的想法凌驾于对情况的最佳反应之上。

我们的许多想法都无益于我们的健康和快乐。如果你每天花些时间去真正听一下这些源源不断的臭念头，你就会惊讶于你惩罚自己和对自己刻薄是多么自然。

辩论

辩论是一个过程，对思想进行逻辑、理性地检验，看看是否有任何证据证明它们是正确的。辩论是扭曲的对立面，它是将扭曲的想法转变为一种更加乐观的观点的关键。

心理学家 Albert Ellis 创造了理情行为疗法，以研究不合理的信念和不现实的期望（2001）。他创造了 ABCDE 公式来帮助人们研究他们的信念和期望——去与之辩论或检验它们。辩论要求我们了解我们的反应性判断和惯性思维。不要陷入诸如"我总是"或"我从未"这样的自然叙述里。我们可以检验这些想法，看看它们是否正确。

下面是一些辩论的方法：

- 对正在发生的事采取一种更积极的解释。你能将你的信念转变为更现实的观点吗？
- 承认你的想法是对的，与其纠结于其中，还不如寻找一个方法来解决你面临的这个问题。
- 考虑一下这个问题在事情发展过程中的分量。从你每天、每周或每月的大局来看，这个问题有多重要？

> **@ 网络链接**
>
> **改变扭曲的想法、重新组织和辩论**
> 健康心智研究中心：这个坐落于威斯康星州麦迪逊市的威斯康星大学研究中心，其开展的科学研究旨在加强有关培养积极心态的认知。www.investigatinghealthyminds.org

Ellis 的 ABCDE 公式

- A= 诱发事件或情景。例子：我考试不及格。
- B= 信念。例子：老师找我的碴儿。我恨这门课，真是浪费时间。我懒，没有动力。
- C= 结果。你如何对这个诱发事件做出反应。例子：我不去这个班了。我感到失望，打算离开这个班。现在努力赶上是毫无意义的。
- D= 辩论。许多时候，我们的信念是建立在不合理的、顺其自然的、消极的想法之上的；可以将这些转变为合理的想法。
- E= 证据。查看使你产生紧张想法的证据或事实。在没有相关信息的情况下做出假设，就会陷入"思维陷阱"。

要想查找更多 Ellis 的著作，请查看 Albert Ellis 研究所和理情行为技术（Albert Ellis Institute and Rational Emotional Behavior Technique）网站：www.rebt.org/public/about-rebt.html。

REBT Self-help Form. New York: Albert Ellis Institute, 2009.

如果你发现自己仍陷于其中，你能否找出一种方法来分散自己的注意力？或寻找一件你能做的具有正能量的事情来驱散这种负面情绪？比如，散步、看杂志，或与你信任的人倾诉，他可以提供一些中肯的反馈。

记录一段痛苦的想法并重新规划

这个活动提供了使用重新规划时需要考虑的步骤。

开始
带着日记专注地坐着。

提示
1. 确定一个你经历过的压力情况，以及你当时的感受。
2. 在当时的情况下你有些什么想法？是否有令你特别痛苦的想法？
3. 以一个更加开放和客观的角度来看待这个令你痛苦的想法，并考虑在这种情况下一种更加稳妥的解决办法。问自己这个问题：我怎样才能重新规划这种情况？
4. 如果你没有把握重新规划这种情况，那么就需要花更多的时间去查看它，或向别人寻求帮助。
5. 如果再遇到类似的情况，你会采取什么措施（包括不采取措施）？写一段对积极的人生观做出肯定的话语。

结束
想一想，重新规划如何能帮助你摆脱无远见的想法，而从更广阔的角度看待问题？

停止消极的自我对话：
停止、放下，深呼吸

"停止思考"是有意识地通过将注意力转移到一个重点部位上（比如腹式呼吸）来终止消极的自我对话的练习，而不是用平静的话语来代替这些想法。该活动使用交通信号灯图像作为一个视觉提示发出停止（红灯）、减速（黄灯）等命令，并为积极的想法打开绿灯。无论何时，一旦你因消极想法而感到不堪重负时，都可以使用这个图。

开始

专注的坐姿。

提示

1. 花时间想一想你正在经历的一件让你特别担心和忧虑的事情。

2. 画一个交通信号灯。将你的注意力集中在红灯上，对自己说，"停止"。为了终止这些想法有必要多做几次练习。

3. 现在，将你的注意力转移到黄灯上。把手放在小腹部，做腹式深呼吸，同时对自己说，减速。根据需要经常这样做，直到你的呼吸放松、平静为止。

4. 现在，将你的注意力转移到绿灯上，重述并使用积极的话语来代替消极的想法，比如我能处理好这件事，或我现在很好。根据需要经常重复这个肯定的话语，直到你感觉平静和专注为止。

结束

花些时间反思一下你现在的感受。考虑一下，什么情况下你可以使用这个技能，比如考试之前。你在生活中可以有意识地练习这项技能。

观察自我对话

在这个活动中，你花些时间观察一下你在平静、放松的气氛中习惯性的自我对话。

开始

带着日记专注地坐着。

提示

1. 花些时间放慢你的呼吸，这样你就会平静和放松。要尽力诚实地审视你的自我对话。

2. 尽可能把你想到的典型的自我对话都写下来。注意你想到这些句子时出现的感受。

3. 向内控点转移，以产生积极的感知，默默地说："我可以有＿＿＿＿＿＿的感觉。我的感觉不需要控制我的行为。"

4. 对自己说："我将＿＿＿＿＿＿＿＿＿＿＿＿＿＿［陈述一个反映内控

点的行为]。"

结束

每天设置提醒，多次进行这项练习。注意一下什么时候你可能会开始下意识地使用消极语言，并引发这种情绪状态。

如果……，将会怎样

我们经常陷入一种感觉到"糟糕透顶"的深井里。促使自己想象所有可怕的"假设"或最坏的情况。如果你不这么做，会怎样？在这个活动中想象一下，如果你能以一种积极的眼光看待这种情况的话会发生什么。

开始

专注的坐姿。

提示

1. 做几分钟放松的深呼吸，直到你感觉注意力集中，准备做活动为止。

2. 回想一件令你担忧的事。真诚地说出（并相信）下面的话："如果这里发生了更好的结果，会怎样？"要求你自己创造性地想象一种更好的结果。

3. 如果你一直忧虑，拒绝自我内省，请将你的注意力带回到这个问题上："如果这里发生了更好的结果，会怎样？"

4. 只要你需要，就花些时间，充分地探索你对这个问题的创造性答案。

结束

当你完成这个练习时，做几次深呼吸。对于"如果……，将会怎样"这个练习，你是否有些想要采取的行动？

改变你的生活，改变你的想法

这个活动帮助你认识到令你紧张的想法，并向积极的看法转变。

开始

专注的坐姿。

提示

1. 做几次放松的深呼吸，尽量让自己感觉舒服些，然后进入一种平静而精力集中的状态。尽可能长时间保持平静和专注。

2. 将你的意识带入到你正在经历的一种不良想法中。

3. 用一种更积极的想法代替这种消极的想法。你可以使用一个能够反映你决心去改变想法的短句来替换。如有必要，可随时重复这个句子。

结束

思考一下，你在生活中会如何运用这个技巧。在什么情况下这个技巧会有帮助？

转移控制点

在这个活动中,把你集中于外控点的,将责备、责任或权力置于身外之事上的典型的内心陈述都列出来。你要把每句话都转到内控点上。

开始

带着日记专注地坐着志。

提示

1. 尽可能多地写出把责任推卸到别人身上,或者将控制权交给他人或某些情况的句子。
2. 现在重新写每句话,把重心转移到你的选择和责任上。见表 4.2 中的例子。

表 4.2　控制点的转移

外控点	内控点
我数学不好。这个学校的老师太没用。我永远也学不好数学。	我要考过数学,而且还要多花费些时间去学习,并请一位老师来帮助我。
那个人太粗鲁,她令我抓狂。	那人的态度太差,但我可以想办法躲开她,或对她的嘲讽不予理睬。

结束

每天花些时间关注自己的消极想法及其外控点,然后将它们转变为积极的、有内控点的想法。

使用"思维停止"的步骤

这个活动为使用 ABCDE 公式来处理负面思维提供了一个系统的方法。

开始

带着用来使用 Ellis 的 ABCDE 公式的日记,专注地坐着。

提示

1. 描述一个你担心的问题或最近的情况(A= 诱发事件),包括你面临此情况时体会到的情绪和感受。试着尽可能完整地捕捉这种情况。
2. 列出你面对这件事时自然而然产生的想法(B= 信念)。确定对于这种情况你有哪些扭曲的想法。
3. 由于 A 和 B 的原因,你采取了什么措施(C= 结果)?
4. 针对你在步骤 2 里列出的每条信念,用步骤 5 里列出的问题去检验(D= 辩论)。
5. 你支持这一想法的理由(E= 证据)是什么?接着问如下几个问题:
   - 这个想法有错误或夸张的一面吗?它反映的是你自己的判断和期望还是

别人的?
- 如果这个想法是真的，可能发生的最坏的情况是什么？
- 在这种情况下，可能会出现一些好结果吗？
- 在这种情况下，如果你让自己的判断稍微缓和一些，会发生什么？

基于 Ellis，2001。

结束

思考一下你在使用辩论方法中学到了什么。完成这个练习后你感觉如何？以后你会如何处理这些想法？

肯　定

肯定是指用有力而简明的语言陈述我们希望生活中发生的事情。我们重复这些肯定的话语是为了提醒自己，你有能力将消极的想法变为积极的想法。在肯定中，我们将我们的希望与我们所能采取的实现目的的行动相匹配。

广告的效果依靠的是人们对广告语的记忆，这样我们以后才会去购买产品。运动员和商人用肯定的话语帮助他们达到目的，并取得成功。使用这些语句会令人感到尴尬，但经过耐心地练习，会逐渐感到自然些，这样你的新信念将会创造

你希望你的生活中会发生什么事情？用肯定的语句大声地把它们说出来，并想象一下，当你实现这些目标时，你将感觉自己是多么棒啊！

一种新体验。

写肯定的话语时，请记住如下几点：

- 根据你喜欢的学习方式，选择以下任何形式：
    - 视觉：配合这些话语使用影像资料。
    - 听觉：一遍遍地大声重复这些话语。
    - 动感：在散步或锻炼时，随着你动作的节奏，重复这些话语。
- 语句要用现在时态。
- 要使用积极的语言，不要用"我不要"或"不是"这样的负面词语。
- 要真正相信你的话语。有时你不得不"假装已经取得了成功"。意思是要表现出好像这句话已经得到了证实，并且你要让自己去体会实现这句话时的感受。
- 话语要有意义并有个性。
- 措辞要具体、简洁和明了。
- 使用能体现你实现目标后的语言："我做到了！"
- 要经常重复！

写下肯定的话语

这个活动是一项使用肯定话语的练习。

开始

带着日记或索引卡专注地坐着。

提示

1. 以下面的一个或多个肯定语为开头，将你的句子写在日记或索引卡上：我是 ＿＿＿＿＿＿＿＿＿＿＿＿［关于你的性格，例如"我是积极的"］；我能 ＿＿＿＿＿＿＿＿＿＿＿＿［关于你的潜力，例如"我能制定目标并实现它们"］；我将要 ＿＿＿＿＿＿＿＿［你真心希望发生的事情，例如"我将要进入研究生院了"］。

2. 深吸气，然后在呼气时大声而缓慢地说出你的肯定句。在随后的每一次呼气时，小声地说出这个肯定句，直到你默默地对自己说为止。

3. 注意你说的每一个字，别着急。所有肯定的话语都很重要，所以要花些时间带着目的和意图去说。

4. 凭直觉感受你挑选的这些话语；要超越文字，去感受文字背后的精神。

5. 做几次放开式的呼吸，每次呼气时都要不断默念肯定语。

结束

在你的日常生活中要安排出一些时间，安静地坐下来背诵你的肯定语。你在做一天的计划时，重述你的决心，这样你就会投入精力和时间来得到你内心深处想要的东西。

我可以选择

这个肯定性的活动要使用你希望在生活中得到鼓励的那些话语。

开始

带着日记或索引卡专注地坐着。

提示

1. 现在想一件你正经历的或最近发生的压力事件。
2. 写一个肯定句,说明你对当时情况的反应,以及你可能会如何反应。举例:我可以选择 _____〔比如耐心〕,而不是 _____〔比如放弃〕。
3. 把这个肯定句写在一张索引卡上,作为笔记本封面或是电子提醒。
4. 闭上眼睛,根据需要随时重复这句话并感受话语对想法的渗透,并保持住。
5. 每天多重复做几次这个活动。

你可以把这个肯定性活动扩展为一个日记活动。花些时间考虑一下,你如何把这个肯定性活动作为一种压力管理方法来使用。

结束

在你完成这个活动时,做几次放开式的呼吸。注意你的感受。

肯定的价值

这个活动可以使你感谢那些艰难的时光。

开始

带着日记或索引卡专注地坐着。

提示

使用下面的句子开始你的肯定语:

- 我很幸运 _____。
- 我很感激 _____。
- 我最好的朋友 _____。
- 今天是 _____,我知道明天将会更好。我现在选择把 _____ 带给我自己。

结束

当你完成这个活动时,做几次放开式的呼吸。注意你的感受。

制定目标和解决问题

用写日记的方式列出你的目标并制订一个达到这些目标的计划。

我们中的许多人把失败看得很严重,进而放弃。可是,这样做是不明智的。正确的做法是:不要把失败看做是结束,因为我们可以选择从挫折中吸取教训,并以此专注于达到目的所需要的行动上。朝着目标迈进的过程实际上比达到目标更重要。例如,你也许永远赢不了马拉松赛,但是你可以制定一个锻炼计划,训练你自己去跑步而不是睡懒觉,也可以和跑步的伙伴签一份约定。这些都是你可以反复使用来保持身材和健康的技能。

只关注结果的一个问题是,它会妨碍我们改变那些导致问题的主要的长期行为。我们可能通过遵守严格的饮食计划或服用减肥药来减轻体重,但却回避采用诸如"少吃些,每天锻炼30分钟"等长期行为。如果不把这些行为变化纳入到我们的生活方式中,最终,我们很可能无法保持体重。

一些实现目标的提示

- 记住:熟能生巧。
- 寻找支持,找一位可以谈论你的目标的人,或能够成为朋友的人。
- 慢慢来。为自己建立成功的基础,有定期的小收获而不是走极端、目标过高,最后使自己精疲力尽而放弃。
- 让实现目标的过程令人愉快。
- 下决心,并且你要下决心去做。改变并不容易,但只要自律就有收获,你能做到。

- 要真实。问问你自己,这是你自己制定的目标,还是别人强加给你的。
- 调整你对目标的态度。
- 让你的目标全面一些,而不是只针对你生活的一个方面(比如学校生活)。设定提高你情绪健康水平的目标活动(比如与朋友交往、做志愿者),为自己创造一种具有挑战性且有意义的平衡。
- 做准备。要准备一个 B 计划和一个 C 计划。
- 吸取失败的教训,重新组合,并不断改进你的行动步骤。
- 奖励你自己!通过不断给自己一些小奖励,你将更有可能获得成功。

设置实现目标活动的步骤

此活动为制定目标提供了一个框架。

开始

对自己的目标负责任的最佳方法是把目标写下来。

提示

1. 使你的目标尽可能具体些(比如"我要让我的生物课成绩达到 A")。

2. 确定你将如何测查(记录)你在实现目标的过程中所取得的进步(比如"我将在每周的生物实验报告、小测验和指定的论文上得 90 分以上")。设计一个方法来记录你的进步。

3. 为了实现目标,你要采取一些具体措施,先把它们列出来。这里你可能需要制订学期计划,并列一张你必须要完成的任务(行动)表。这些任务可能包括阅读某些章节、制作闪卡、和学习小组一起复习笔记,以及做实验。

4. 为步骤 3 中的每一项任务定一个截止日期。设计一种方法来追踪这些截止日期。

5. 每周要对你实现目标的进展情况进行评估,检查以前的每一个步骤。反思那些你不能完成的步骤,并考虑一些你能做的事情,让它们变得更容易。

结束

思考一下建立责任制是如何帮助你朝着实现你的目标迈进的。反思那些没有奏效的地方,并找出适合你的方法,这一点也很关键。不要彻底放弃目标,而是要认真思考取得成功的方法。你可能会发现,每周与朋友一起工作和聚会来分享你实现目标的进展会很有用。互相帮助,确定你的难点所在并排除障碍,从而找出取得进步的方法。

为何我没能实现既定目标

这项日记活动可以帮助你检查自己是如何实现目标的,包括那些妨碍或干扰你达到目标的问题。如果你发现在实现目标的过程中没有取得进展,那么这项活动将帮助你认真查看自己为什么没有达到目标。

开始

带着日记专注地坐着。

提示

1. 做几次深呼吸,然后设定一个目标,认真查看你目标的设定模式。
2. 回想你过去设定的一个目标,以及你想要实现但却没有实现的每一个愿望。
3. 把你能想到的有关这个目标的情况尽可能详细地写下来。
4. 你的目标要考虑如下几方面:
   - 你目标的现实程度如何?
   - 你目标的个性化程度如何?是什么促使你选择了这个目标?
   - 为实现这个目标你是怎么准备的?
   - 你的目的是否符合你对这个目标的承诺?
   - 为实现这个目标你寻求了多少支持?
   - 在追求目标的过程中,你遇到了什么阻力?为了抗击这些阻力你采取了哪些措施?
   - 你是否拖延了进程?是否怀疑自己实现目标的能力?
   - 你是否花了时间去计划实现这个目标?你需要但却没有得到的信息是什么?
   - 你是否建立了关于实现这个目标的责任和客观体系(例如一张目的明确的电子表格,写有可食用的食物份数或用于学习的时间)?
   - 你的目标很具体(即可测量)还是比较模糊?你的责任体系是比较简单,还是过于复杂或繁琐?

结束

关于自己和目标设定方面,你学到了什么?当你在未来设定目标的时候,你可以使用这些信息的方法有哪些?

资金管理:我把钱都花在什么地方了

对金钱的担忧是千禧一代主要的压力来源之一(American Psychological Association,2012)。这个活动将帮助你客观且真实地审视你是如何花钱的,并考虑如何更好地管理金钱。

提示

1. 找一个记录你开销的方法(例如使用手机、电子表格、书面日志)。保证认真记录你花的每一分钱。
2. 一段时间之后(例如1周或1个月),反思一下你的消费方式。你在哪些地方花超了?你是否买了你不需要的东西,或在花钱方面没经过深思熟虑就做了决定(例如买几杯酒)?
3. 制定一个预算。在特殊情况下只带你决定要花的钱(例如与朋友外出吃饭）。

4. 避免"一键式"冲动网购（意思是你不必输入信息——电脑已经知道你的信用卡号了！）。为了确保你不冲动购物，不把网购当成拖延工作或逃避任务的一种方式，也不想在竞标中获胜（例如易趣拍卖），请在购物前先等一天。

5. 使用祷告语：重复使用、减少、再利用。举办回收派对，邀请人们带一些不合身或不再使用，但状况良好的衣服或其他物品进行交易。

结束

现在你知道你是如何花钱的了，也知道在何时、何地你可能已经花了不必要的钱。你会察觉到购物是为了让自己感觉更好，你也会知道有很多方法可以让你不购物也感觉更好。你还要考虑可能会在哪些地方浪费钱，比如每天在快餐店买午餐，而不是在家里做饭或打包午餐。

创造性地解决问题

此活动将帮助你考虑一个你很难解决的问题。

开始

带着日记专注地坐着。做几个放松的深呼吸。练习鼻孔交替式呼吸或唤醒式呼吸（第2章描述的两种呼吸）。这些活动将有助于你的大脑进入一种放松和精力集中的状态，这才是一种最有效的工作状态。

提示

1. 尽量用客观的方式对问题进行具体的描述。

2. 尽可能多地搜集解决问题的方案。不要评判、过滤或审查你的想法，想法要自发产生，并且独特。考虑邀请你信任的人和你一起工作，以给你的列表增添更多的想法。要开阔思维。

3. 寻找不同的视角。运用批判性思维和推理，寻找清晰、相关和准确的解决问题的方法。对你想出的前3或4个解决方案的优、缺点进行批判性地评估。

4. 此时选一个你希望使用的解决方法。你可以随时换用其他方法。

> **@ 网络链接**
>
> **制定目标**
>
> - 匿名债务人：该资源为那些碰到诸如难以控制的债务等严重问题的人提供了帮助。www.debtorsanonymous.org
> - Kiplinger 网站：该网站为人们制定预算提供帮助。www.kiplinger.com/tools/budget
> - Mint 网站：该网站是一个线上基金经理。www.mint.com

5. 将你承诺的具体行动步骤写下来：我将要＿＿＿＿＿＿＿＿＿＿＿＿。

结束

做几次放松的深呼吸。想象自己采取行动并取得了成功。你如何使用这种方法来提出解决方案，或至少采取行动来解决其他问题呢？

时间管理 = 自我管理

大学生经常因为没有时间去完成所有的事情而感到有压力。在这种情况下，人们会使用"时间管理"这个术语，但也许有点儿用词不当。我们的时间总量都是一样的：我们不可能得到更多的时间。用"自我管理"这个术语可能更好些。如果你在使用时间上有问题的话，与其尽力管理自己的时间，倒不如考虑管理你自己。这种困境并不是因为缺少时间，而是把精力（身体的、情感的以及智力的）都浪费在那些并非真正重要的事情上了。时间管理的关键是寻找平衡和集中精力办重要的事。你的时间很宝贵，你需要小心地使用它，这样你才会有足够的时间去实现你制定的所有目标。

拖延

拖延——推迟立即执行任务的时间——是学生们一个常见的时间管理问题。许多人甚至为他们拖延的权利而争辩，因为他们从不做任何事情中得到了二次收益！想想看吧。关于拖延症，有些常见的错误观点：

- "有压力，我会做得更好"。有些学生认为他们在最后一刻才会做得最好，但这种情况很少见。高质量的工作要求有计划性、做准备和有充足的评价时间。
- "我没有足够的时间"。学生们经常以他们缺乏时间管理技能为借口，说没有给他们足够的时间去完成分派的任务。
- "如果我不做，别人就会做，所以为什么要找麻烦"。拖延经常会导致让别人去收拾烂摊子。可是，良好的人际关系要求所有人都把自己最好的技能运用到工作中。那些不"露面"的人永远不会在这些技能上有所提升，永远不会学到新的技能，也不会体会到为团队付出的良好感受。

一些好的自我管理建议大都出自像你一样遇到过类似情况的学生。下面是一些可供你使用的建议：

- 建立一个基线时间日志。选择一些典型的工作日和一个周末，把你能做的所有事情都记录下来。查看你的时间日志，并寻找时间杀手——那些回报很少或没有回报的时间花费。停工放松是件好事，但要考虑你可能会把时间浪费在什么地方（例如睡午觉、玩儿电子游戏或在课间看电视）。在一天中的某段时间里，你是否会感到无聊或没有动力？
- 审视一下你的学习和工作空间。你的房间是否充满了干扰，比如人来人往、电视开着、电话响着、到处摆放着食物？如果是这样，那就找一个安静、受制约的学习空间，比如图书馆或自习室。
- 把学习时间安排在一天中你状态最佳的时间段（即最警觉和最有成效的时间段）。
- 把你的目标分解成更小的、现实的、可完成的步骤。成功会激励你完成未来计划，获得成功。每周评价你的目标，并列出一张待办事务清单，你需要在 1 周内按步骤完成。
- 只使用一个计划系统。把纸质计划与手机应用程序协调起来使用会有难度。把你需要记住和追踪的每件事情都放在一个系统里。
- 每天，先做你待办清单上最重要和最具挑战性的事情。
- 要知道你的机会之窗——也就是你专注于一件有难度的工作（比如阅读）上的时间能有多长。与其通宵达旦地工作让人疲惫，不如留出 15 分钟、20 分钟或 1.5 小时的时间只做一件事。然后，用你学习的剩余时间去搭配做其他的事情，比如复印笔记、构思一篇论文和写闪卡。
- 休息，休息！在你学习的空隙点缀些有趣的事情，让你大脑的其他部位参与进去。在你写论文期间，玩儿一会儿数独游戏（寻找数字模式），或者花些时间去健身或与朋友聊天。观看有趣的情景喜剧。设置一个定时器，这样，你就可以在休息结束后回到工作计划中去了。
- 每天都要复习课程资料，而不只是在考试前复习。使用闪卡储存复习资料中最重要的内容。
- 综合训练（即使用 1 种以上的方法学习）。与其反复阅读你的笔记，不如把它们做成闪卡，大声地朗读它们，对一些重要概念进行录音以备复习，测试自己对重要概念和术语的掌握情况，并将重要概念形象化。
- 切断干扰。一心多用是一个很难改掉的习惯。同时做几件事或者受到干扰时，你会无法全神贯注地做一件事。考虑留出 30 分钟的时间不受任何干扰。关掉电子设备。
- 加入一个学习小组，小组成员都致力于尽其最大努力去做。做好准备并准时参加预定的会议。互相测验并讨论概念，以听取各种方法来考虑主题材料的使用方法。
- 不做笔记；坐下来倾听，而不是拼命地写。相信你能领会信息。
- 了解一下你手机里可以用来进行整理的应用程序。"任务计划"（Assignment Planner）是一款免费的手机应用程序，它可以帮助你设计整个学期的全部课业。见 https://play.google.com/store/apps/details?id=gene.android。

> **@ 网络链接**
>
> **时间管理**
> 时间管理助手网站：该网站为大学生提供具体的时间管理技巧。www.timemanagementhelp.com

管理你的时间安排

这项活动帮助你安排自己的时间，并找到一个你可以持续使用的时间管理系统。

开始

带着日记专注地坐着。

提示

1. 将你在过去 48 小时里做过的所有事情列一个清单（除了睡觉和吃饭）。把每个活动归为如下 4 个文件中的一个：
   - 文件 1：重要且紧急。
   - 文件 2：重要但不紧急。
   - 文件 3：不重要但紧急。
   - 文件 4：不重要也不紧急。

2. 检查一下你用于做文件 3 和 4 中的事情所花的时间。例如，在文件 3 中有一个你认为不重要或无趣的家庭作业，你没按时完成，然后它成了一件急事，你匆忙地把它做完。注意一下你是否在"时间杀手"地带花了许多时间（即文件 4 中的看电视和出去消遣等活动）。找出你最典型的拖延陷阱。

结束

列出所有你能采取的减压和提高效率的步骤。设定一个目标去执行其中的一个步骤。

为明天做计划

这个活动帮助你用心计划未来的事情，这样你才能实现明天的目标。

开始

带着日记专注地坐着。

提示

1. 你明天要做的最重要的事情是什么？请列出前 5 项。
2. 决定其中哪件事情是你明天应该首先去做的。
3. 在你将注意力转移到其他事情上或分心之前，先设定一个尽力完成这项工作的目标。
4. 提醒自己，你的目的是把你的全部精力、注意力和责任都投入到实现这个重要目标上。

结束

现在，做一个深呼吸，努力放下这件事。把这本日记留在你的工作间，或早上你首先能看到它的任意一个地方，以引起你去注意，并提醒你做出的承诺（例如，放在你的背包里，准备好早上看）。离开时你知道自己会准备好尽力去做。

自律

作为学业成功的一个预测指标,自律的强度是智力的两倍(Seligman,2011)。《异类》一书的作者 Malcolm Gladwell(2008)提出过 10 000 小时定律。他观察了一些成功人士,发现他们会坚持不懈地朝着自己的目标努力。他在许多案例研究的基础上提出了 10 000 小时定律。这条定律指出,要想在一项任务上取得成功,就需要朝着一个目标努力 10 000 小时。Steve Jobs(2009)在一次有关自己和其他人成功经验的采访中也呼应了这一说法。他说,成功人士喜欢他们所追求的东西,并且充满激情。重要的是,坚持不懈地朝着你的目标努力是成功的关键。也就是说,你有能力通过自己对目标的态度和激情来实现它。

> 我们反复做的事造就了我们,因此,卓越不是一种行为,而是一种习惯。
>
> 亚里士多德

Daniel Pink 在《驱动力:激励我们的惊人真相》(2011)一书中对驱动力的相关科学及其在商业、教育和个人生活等诸多领域中的应用进行了描写。把动机理解为一种获取回报和避免惩罚的愿望已经过时了。Pink 强调了内在动力的重要概念:我们是因为自己的兴趣和激情,而不是外界的事情才产生动力的。他还发现了以下因素是获得真正内在动力的基础:

- 自主权:做自己生活的主宰。
- 精通:在对你来说重要的事情上做得更好。
- 目的:参与到重要事情中,并成为其中的一员。

Pink 的观点得到了本章介绍的许多研究的支持,它们是关于乐观主义、幸福、心流、正念、有意义的参与、内控点、利他行为以及创造性的研究。

@ 网络链接

自律

- Daniel H. Pink:该网站提供了对驱动力或内在动力的调查。www.danpink.com/drivesurvey
- Daniel H. Pink:Pink 的网站还提供电子邮件通讯,报道有关驱动力科学和实践的更新。www.danpink.com/email-newsletter

创造性想象

人类大脑的想象力和创造力是惊人的。因此,我们也会想象到绝对坏的情

回快过去的快乐时光会让你立刻振奋起来。

况,并在我们的脑海中创造出各种不同的情节。这些都会对我们的健康造成损害。应用创造性想象的前提是大脑不能区别现实和想象。让我们来测试一下这个前提条件。花1分钟时间想象一下:你切开了一个鲜柠檬。现在你手里拿着一块冰凉的柠檬,然后把它放到嘴里。咬一大口柠檬块,感觉柠檬汁都喷出来了。你手里真的有柠檬吗?然而,你的身体是否会做出好像是有的反应呢?你是不是流口水,并且把脸皱成了一团呢?

创造性想象进入潜意识区域,那里储存着情感和记忆。这一丰富的资源为治愈和取得积极的结果提供了无尽的可能性。这种潜意识的力量就是为什么10分钟的冥想或创造性想象可以像几个小时的宁静睡眠一样有助于身体恢复活力。

可视化方法只使用一种感觉——视觉。但是在创造性想象中,我们要尽可能使用多种感官来刺激大脑的前额皮质,或者更高层次的大脑。它把信息发送到大脑下部的区域,这些区域控制情绪并做出一切都好的反应!

下面的列表为你使用创造性想象提供了一些重要内容。

- 进入深度放松。这样你就可以使用大脑两半球。
- 做出"仿佛"的行为——用现在时描述你的意象。对自己说:我是_____。
- 尽可能使用多种感官。使意象丰富,并充满嗅觉、听觉、触觉、味觉、想象、情感和质地等有趣的细节。
- 激发你想象中的积极情感。大脑会记住那些与强烈的积极情感相关的事情。
- 发挥你无限的想象力。如果你想飞,那就飞吧!在这个领域里畅通无阻。
- 让你想象中的现实完全由自己决定,不要因为考虑别人会想什么来审查或限制自己。

实例：一个运用创造性想象为演讲做准备的脚本

步骤 1

花 1 分钟集中注意力。找一个舒适的座位坐下。身体尽可能舒适地坐直；拉长你的脊柱，稳坐在两块坐骨上。

步骤 2

如果你感觉闭上眼睛舒服，可以闭眼，或保持放松的目光凝视。做 5 次深度、放松的呼吸。你付出了很大的努力来准备这次演讲，也期待着尽最大努力做好。

步骤 3

1. 明确你的意图。你的目标是什么？选择一些有意义的、能表达你意图的词语（比如，自信、流畅、快乐）。把更多的时间集中在你的目标上。使目标简单、清晰，并以积极的语言开始（例如，"我演讲时，将清楚地表达我所有的谈话要点"）。

2. 运用你的想象力和创造力，将你的演讲描绘在大屏幕上。想象一下这个房间、观众席上的人以及你的着装。添加声音，包括你铿锵有力的语调。感受一下站在那里是什么感觉？房间的温度如何？想象你的身体感到轻松而自信。多花些时间提供更多的细节，比如喝口水的身体感觉。你想象的情节越详细、现实，就越好。

3. 现在，描绘一下你身处一种具有挑战性且扰乱你演讲的环境。比如，忘记自己讲到哪里了，或被问及一个问题时，结结巴巴地讲不出话来。考虑任何可能使你不安、无法集中精力、专注于呼吸、全身心地投入到你目标中去的事情。

4. 反过来，在你脑海中看到你自己、听到你自己，并感觉你自己正在进行完美的演讲。通览这一完美的情景，仿佛你可以一遍又一遍地点击重播键一样。如果有任何怀疑或失败，或是被"是的，但是"或"我永远不会"的想法打断，那就把它关小，就像你把 iPod 的音量关小一样。你可以尽你所有的想象力和创造力来播放这盘完美的磁带。真正地享受自信、镇定和泰然自若的感觉。

5. 对自己多重复几次你的意图。做 5 次以上的放松呼吸。重新审视你挺拔的姿态。慢慢地睁开双眼睛，返回你的房间。你会放松、精神焕发，并全力以赴地进入演讲。

步骤 4

思考如何运用创造性想象来练习你的演讲，从而有助于你在演讲中有良好的表现。

> @ 网络链接
>
> **创造性想象**
>
> Weil：Andrew Weil 是一位医生。他是辅助医疗工作的开拓者，并在他的病人中广泛地运用创造性想象配合治疗。www.drweil.com

绘　　图

有一些在线程序可以让你查看地理区域、商业网点，甚至你的房子和街道的航拍图像。例如，Flash Earth 可以让你点击世界上的任何地方，看到来自人造卫星和航拍图上的地理区域（www.flashearth.com）。在这个创造性想象活动中，你想象有一台聚焦在你身上的相机，然后慢慢地把焦点拉向太空。

开始

采取放松的姿势或专注的坐姿。

提示

1. 当你以放松的姿势躺着，或以放松而舒适的姿势坐直时，想象有一台照相机正对着你。在你运用创造性想象去观看一幅非常安静和放松的景象时，要保持平静。

2. 慢慢地将镜头拉远，看看你所在的房屋或建筑物，或者如果你在户外，就看看你坐着或躺着的周边地区。

3. 当镜头拉至更远时，你会看到街道、街区和你所在的城镇、省市、地区、半球……最后是地球。

4. 让自己从这个宽敞而舒适的有利位置去观赏地球吧。继续享受这一平静而放松的景象。

结束

花一些时间去享受一下你营造的这种放松而平静的感觉。

阶　　梯

20 世纪 70 年代的那首著名歌曲《天国的阶梯》（*Stairway to Heaven*）到底是什么意思，目前仍然没有定论，但在 40 年后的今天，这首歌仍具有象征性。在这个创造性想象活动中，你将要想象自己走上阶梯，来到一个舒适而放松的地方。

开始

采取放松的姿势或专注的坐姿。

提示

1. 想象你前面有一个阶梯。当你准备迈出第一步时，做一个深呼吸。

2. 当你走上台阶的第一步时，感觉自己变得更加放松了。

3. 接下来，想象你是失重的，随后的每一步都是轻松、毫不费力的。

4. 当你到达阶梯的顶点时，那里有一张可以放松的舒适平台。在一张舒适的椅子上坐下来，从塔上、灯塔顶上或山顶上向外眺望远方的风景。继续凝视外面那令人放松的景色。

结束

花一些时间沉浸在你自己的这种创造性想象中。

注意：如果另一个想象更益于帮助你放松，那就用它来替换活动中的想象——也许是乘坐自动扶梯或在鸟背上飞行，想象你在上升到每一层时，变得越来越放松。

当我年轻时

在这个创造性想象活动中，你回想自己生命中一段儿时的时光。挑选一段你无忧无虑、快乐无比、专心游戏或活动的时光。

开始

采取专注的坐姿或放松的姿势。

提示

1. 准备好回忆你生命中的一段快乐的、无忧无虑的时光。
2. 观察正在游戏或参加某项活动的自己。尽量多用你的感官去重现这个情景。
3. 微笑着告诉这个孩子，他／她是安全的，无条件地被爱着。
4. 继续与你内心的孩子一起度过这段快乐的、无忧无虑的时光。

结束

回想一下，想象自己再次回到童年、享受生活和快乐时，产生了怎样的感受。

抱怨并继续前行

虽然这听起来有点奇怪，但有时我们会在反复思考一种情况时找到安慰，或至少能找到一些满足感；我们也享受沉浸在其中的感觉。这种抱怨的态度会在某种程度上让我们感觉良好，并帮助我们应对这种情况。但是在某些情况下，我们需要采取措施去改善这种状况，或者干脆放弃它，继续前行。

开始

采取专注的坐姿。

提示

1. 回想一个让你沮丧的情景。让自己回想所有令你烦恼和抱怨的事情。持续不断地回想，直到你的抱怨告一段落，或持续 1 分钟，然后停止。
2. 现在，想象你在这种情况下按下了"暂停"或"终止"键。做几次深呼吸。尽力想出至少一件对改变这种情况有利的事情。
3. 制定一个你确保能够采取的行动步骤来改善这种情况。它可能只是一种"随它去吧"的想法。

结束

反思你对事情的抱怨，同时也要看到一线希望和可能的解决方法。

数到 5

在这个活动中，你要用手指去抓住那些令人放松和内心悸动的景象。

开始

专注地坐着；你既可以看着自己的手，也可以在脑海中想象你手的样子。

提示

1. 专注于你的拇指，想象生活中所有爱你和支持你的人。
2. 专注于你的食指，想象让你感觉独特的一段时光。
3. 专注于你的中指，想象一下，在你没有被要求，也没有期望得到回报时，你为他人做事的那段时光。
4. 专注于你的无名指，想象你想出的各种创造性方法，是什么点燃了你的创造力。
5. 专注于你的小指，想象一下，你是多么欣赏自己真实的本性啊。

结束

花几分钟专注于你温暖、放松而舒适的整个手。

蓝　图

在活动期间，你将计划实现目标的所有步骤。回想一下你看过的一段延时视频，比如一场筹备中的音乐会或一座正在建造的建筑。视频演示了实现目标所需要的许多步骤。这就是你实现重要目标所要做的工作。

开始

采取专注的坐姿。

提示

1. 想象一个你希望实现的目标。要非常清楚地知道，你将如何通过视觉、听觉、味觉、触觉和嗅觉来实现这个目标。
2. 专注于自豪、积极性和成就感这些积极的情感。正如延时摄影一样，想象为实现目标而必须采取的每一个小步骤。
3. 确保包括所有后续所需步骤的图像，并使它们尽量详细。

结束

当你慢慢睁开双眼时，做 3 次深呼吸。拿出一张纸或你的日记，在上面写下目标和完成任务所需要的行动步骤。当结合创造性想象把目标写下来时，就开启了实现这些目标的强大意愿。

使用压力球消除压力

使用压力球减压是一个触觉技术。可以购买压力球，也可以用重型气球，或者用填满大米、小豆或扁豆的手术手套制作。用漏斗充填气球或手套，然后把口系上。

开始

拿着压力球专注地坐着。

提示

1. 花时间专注于你现在关心的所有压力事件或担忧的事。
2. 当你用非惯用手慢慢挤压压力球时，想象你的压力或担忧从你的手里流出去，然后进入到压力球里。将你的全部压力都排到压力球里。
3. 当你慢慢松开手时，想象你所有的压力或担忧都从压力球里流出去了，并且消失了。
4. 多次重复这个活动，直到你所有的压力都消除为止。

结束

做几次放松的深呼吸。考虑一下在考试前或等待面试时，如何使用压力球减压。

使用暗喻

这个创造性想象活动中，运用暗喻的力量帮助你释放消极品质，进而培养积极的品质，如力量、放松和平和。这些图像将使创造性想象训练更加丰富和有意义。

开始

采取专注的坐姿。

提示

1. 想象红色和黑色代表紧张和压力。让它们变得柔和些，并渐渐消失在蓝色和白色这种令人放松的颜色中。
2. 想象一根紧而粗的绳子代表紧张。让这根绳子缓慢地散开，变成一个由丝滑的美丽纱线织成的球。
3. 想象一种刺耳的闹钟声代表紧张。让这种声音慢慢地消散，转变成一种柔美的潺潺溪流声。
4. 想象一束明亮、刺眼的强光代表紧张。让这幅画面逐渐淡出，变成黎明时地平线上升起的一缕柔和的光线。
5. 想象一个清澈、平静的湖，湖底那些美丽的石头清晰可见。想象一下湖面结冰或被汹涌的波浪搅动时，很难看到那些美丽的石头。现在，想象一下水面变得平静，这样你就能再次看见湖底的石头了。
6. 想象一团麻线代表所有你担忧的事情或待办事项。看着这团线慢慢地松散成一个柔软的枕头,你可以心无旁骛地枕在上面休息。

拓展

想象自然界的一个物体或某个方面——通常是一些你希望引起你自己注意的具有某种特质的东西(比如颜色、声音、光线、气泡、高山、细细流淌的小溪)。继续关注这个画面。

结束

思考其他一些例子,比如照片、人体艺术、录音或珠宝,它们如何作为图像和声音来代表你想要培养的品质。

智　者

这个活动运用想象力去激发你的直觉或内在智慧。

开始

采取专注的坐姿或放松的姿势。

提示

1. 安静地躺着或坐着,做几次放松的呼吸。聚焦于你正在解决的问题上。

2. 想象有敲门声。你打开门,看见一位值得信赖的智者站在那里。这个人很愿意帮你解决问题。请他/她进来,一起坐下,做几次深呼吸。让这位智者帮你解决问题,想象着把问题交给他/她。

3. 聆听这位智者提出的建议。看着智者把这个问题交还给你,然后告诉你,你现在准备去解决这个问题吧。将这位智者送到门口,然后感谢他/她的来访和帮助。

4. 当你返回坐下时,认识到你一直都有智慧和内在的认知。你拥有你需要的所有答案。记住,花些时间静下心来,聆听对你最有利的答案。

结束

现在,花时间来思考你内心的智慧以及对你自身直觉的需要。

泡泡式思考

这个活动让你了解自己的随意想法。与其陷入到一种想法里反复琢磨它,或被它冲昏头脑,倒不如把它放在一个肥皂泡里,看着它飘走。

开始

采取专注的坐姿。

提示

1. 安静地坐着。

2. 当你意识到有任何想法时,想象把每个想法放在肥皂泡里。泡泡上下跳动几分钟,然后浮上来,飘走。

3. 继续把任意一些想法放进泡泡里,然后在微风中把它们送走。

结束

享受你营造的这种轻松、平静的心态,让你的思想随波逐流。

点燃蜡烛

在这个活动中,你想象点燃了一支蜡烛,当你看到蜡烛融化时,动用你所有的感官去关注。

开始

采取专注的坐姿。

提示

1. 想象自己坐在桌子旁边,桌子上放着一支蜡烛和一盒火柴。
2. 点燃一根火柴(闻一下硫黄的气味),听一下划火柴的摩擦声。当你点燃蜡烛芯时,你会看到蜡烛芯在闪烁,并燃烧成一团蜡烛火焰。
3. 闻一下蜡烛的气味。
4. 看着一小滩蜡油慢慢地堆积起来,一直到它开始溢出蜡烛的边缘为止,就像你身体或精神的紧张感一样。只是看着每滴蜡油流出、滴下来并滑下去。
5. 想象你身心的所有紧张感和忧虑,就像这些蜡油一样,逐渐流出、滴下来并滑走。
6. 吹灭蜡烛,在黑暗中安静地休息。

结束

坐下,做几次深呼吸,享受一下你营造的放松和平静感。

努力成为运动员

在这个活动中,你要努力做出最佳的表现,然后在实际生活中回想它。可以根据任何类型的表现对其进行修改。

开始

采取专注的坐姿或放松的姿势。

提示

1. 回想你在运动中取得最佳成绩的巅峰时刻的体验,并在 1 到 10 的分值中给它打分——1 代表酣畅、宁静的睡眠,10 代表完全混乱的感觉和感觉失去控制。记住你完美地完成必备技能时的感受,然后给它一个分值。
2. 记住这个分值(也称为你的目标分值),并尽可能记住你最佳表现的更多细节。

结束

做几次深呼吸,记住你的目标分值。在你下次准备运动时,回想一下当时的场景和你的目标分值。在整个运动过程中要不断问自己是否达到了目标。如果你超过了这个目标值,就需要花时间冷静下来、集中精力、放松一下,这样,你才能保持住这个目标和最佳表现。

光 束

在这个活动中，你使用一束类似于手电筒光的光线作为焦点，同时慢慢地将注意力和放松感带到身体的不同部位。

开始

采取专注的坐姿或放松的姿势。

提示

1. 把想象一束光作为让自己专注的方法。

2. 将这道光束引向你的头部。当光束照亮你头部周围时，将你全部的注意力都集中在这里。注意你所有的感觉、情感和思想。把它们全部释放出来。

3. 以每次增加12英寸（30厘米）的长度，将光束从你的头部缓慢而有序地移动到身体的其他部位，在每个部位上做几次深呼吸。注意并接受光束照射在身体各部位时出现的任何感觉、情感或想法。如果你什么都没注意到，也要接受。然后，把所有的感觉全部释放出来。

结束

在回到房间和现实生活之前，花时间安静地休息一会儿。注意一下在完成这个冥想活动之后你有什么感觉。

自己编写剧本

在这个活动中，你要创作一个引导想象的剧本，把它作为一种压力管理方法来使用。然后，把你的剧本读给同伴听。为了完善剧本，你还要征求同伴的意见。你可能想把你的剧本录制成一个MP3文件，以便今后在你感到紧张时去聆听。

开始

带着日记或电脑专注地坐着。

提示

1. 找一个你想用在引导性想象剧本中的主题。回顾本章介绍的主题，如大自然或一个休闲场所，但还要考虑一个虚构的地点（例如魔毯之旅或月球漫步）。

2. 编写剧本可以采用头脑风暴的方法。列出以下各方面的词语：

- 视觉和颜色（例如秋天五彩缤纷的树叶、地平线上灿烂的落日）
- 质地、温度（例如你脚下温暖的沙子，滑雪坡顶上冬季空气的寒冷、清爽感）
- 声音（例如音乐、鸟叫声）
- 味道（例如有咸味的空气、汗水）
- 气味（例如一片松树林、集市上的爆米花）
- 其他的人或动物（例如行走在海滩上的人们、在小路上漫步的散在

的花栗鼠）
- 动态情景（例如树上的树叶沙沙作响，风吹过你的头发）
- 感受（例如精力充沛、安静、和平）

3. 根据你的词语表开始编写剧本，包括停顿。

4. 为了保证剧本语言的真实性和有意义，自己大声朗读剧本。剧本的语言应该是丰富的，这样才能调动起全部的感官，但也要有足够的停顿，以给你自己或同伴充分的时间来处理和体验这种引导性想象。

结束

考虑把你的剧本读给一位同学或朋友听，并征求他们的建议，从而将剧本作为一种压力管理的有效方法。把你的剧本录制下来，这样，当你需要缓解压力时，就可以聆听。

总　　结

思想对我们健康和幸福的影响力是当今一个令人振奋和重要的研究领域。本章讨论了在身心相关发展领域中的主要方面，包括：正念、冥想、自我管理、重新组织、辩论、肯定、制定目标、解决问题和创造性想象。第 5 章将介绍社会健康方面的压力管理问题。

相信你的梦想。
相信今天。
相信你拥有爱。
相信我们能有所作为。
相信我们能创造一个更美好的世界。
在别人不相信时我们要坚信。
相信隧道的尽头会有光。
相信你会是别人的那道光。
相信最好的还在后面。
相信彼此。
相信你自己。
我相信你。

Kobi Yamada，2009

第 5 章

社会健康

社会支持关系到我们人际关系的质量。大多数研究者把它定义为"通过与其他人的互动，一个人的基本社会需求得到满足的程度"（Karren et al., 2010）。社会支持包括感受到关心、感觉被爱，以及与团体中其他人拥有共同的责任。在动物王国里，社会支持的最佳角色模式是企鹅。在严酷的冬季里，他们挤成一团，轮流站在队伍外面，彼此互相支持和保护。

社会支持可以从各种不同的资源中获得：
- 供应者：提供钱或汽车贷款等物资支持的人。
- 公示者：和这些人分享重要信息，我们会感到很舒心、踏实。
- 向导：我们可以向向导征求建议，而不必觉得必须得接受他们的建议。
- 激励者：在我们的生活中，那些拥有积极的态度，让我们保持乐观、不断向前，并鼓励我们采取积极健康行为的人。他们会激励我们。
- 后盾：在我们的生活中，有些人无论处于何种情形，都会在我们需要帮助和忠诚的时候出现。我们与这些人分享对彼此的责任感。

与社会健康相关的负面问题包括贫困、人口密集、无家可归、危险的生活条件、经济动荡、歧视和孤独。许多大学生在社会健康方面经历的一个问题是孤独。阿拉米达县的研究（见后文）以及其他众多的研究都表明，孤独对我们的健康有害。朋友有助于缓冲压力。对于一名一年级学生、转校生或非传统学生来说，当他们进入校园时，会感觉到与他人建立联系很重要。通勤的学生、工作的学生和已婚的学生尤其容易感到被孤立。学生提出的减少孤独感的建议包括：参加俱乐部（比如校园和社区组织），在社区提供志愿服务，参加你专业之外的项目（比如研究或专业兄弟会），以及参加校外活动（比如娱乐联盟）。下面的列表包括结交新朋友的更多建议。

> @ **网络链接**
>
> **社会支持**
> 癌症支持团体是一个为癌症患者和减压提供宣传的国家组织。这本身就是一个社会支持的实例。www.cancersupportcommunity.org

- 即使一开始你就感到尴尬和不情愿,也要接受活动邀请。
- 不要等着别人邀请你去某个地方,要主动去邀请别人。
- 在班级或当地的聚会上,要主动和你旁边的人进行交流。你可以向新朋友介绍你自己。
- 谈论一些别人感兴趣的事。训练你建立融洽关系的技巧:成为一个善于倾听的人,使用非语言的倾听技巧(比如眼神的交流),以及使用积极的语言(Goleman,2011)。
- 如果你住学生宿舍,那就利用参加团体活动或体育活动的机会与人们见面,比如参加校内的各种活动小组。
- 寻找对建立健康的生活方式也感兴趣的人,并与他们一起参加活动。加入徒步旅行俱乐部或其他户外活动兴趣小组。

对许多大学生来说,另一个常见的压力源是来自父母的压力。虽然父母可以成为一个重要的社会支持来源,但他们也会成为一个压力的来源。有些父母很难放手他们的孩子。在孩子们上大学时,他们还一直徘徊在子女身旁,并试图控制他们的生活。在所有的关系中,设定健康的界限是一项重要的技能。以下是学生们提出的关于与父母设定界限的建议:

- 在你觉得最合适的时候,花时间与父母谈一谈——最好别在课间或你学习的时间。
- 在你需要帮助的时候寻求帮助,但要对自己的决定负责。
- 要感谢你父母给予的帮助和建议。
- 约束自己的依赖性。面对问题时先不要发牢骚,而是要花时间尽量自己想办法去解决。
- 要确保家庭成员知道,上学是最重要的事情。当你履行受教育的义务时,你不能做杂事或中途离开。

重点研究

阿拉米达县(加利福尼亚)的研究

这项经典的研究调查了两组人群:社会支持水平高的人群和社会支持水平低的人群。那些社会支持水平低的人,其死亡率是另一组的3倍。17年后,当研究人员进行追踪调查时,这些结论仍然成立。甚至在他们考虑了其他因素(比如吸烟、不运动和肥胖)后,较低的社会支持水平仍然是死亡的一个危险因素。

Berkman & sym, 1979.

社会支持来源评价量表（SSSS）

社会支持来源评价量表（SSSS）是用于诊断妇女乳腺癌的一个测评表。每一个支持来源在评价表中都占有一部分。根据受访者接受帮助和支持的形式，每部分都使用了基本相同的问题。受访者从以下选项中对每个问题做出选择：

1= 完全不
2= 有一点儿
3= 中等
4= 相当多
5= 很多

第一部分涉及受访者的丈夫或伴侣（如果受访者处在一段和谐的关系中）。包括下列问题：

1. 你丈夫或伴侣为你的乳腺癌提供了多少建议或信息（不管你是否想要）？
2. 你丈夫或伴侣协助你处理了多少与你的乳腺癌有关的事情（例如，帮助你处理日常琐事，开车带你去一些地方，处理账单和文书工作）？
3. 你丈夫或伴侣因为你患乳腺癌给了你多少安慰、鼓励和情感支持？
4. 你丈夫或伴侣以何种频率倾听并尽力理解你对自己乳腺癌的担心？
5. 在你丈夫或伴侣面前，你能放松并真实地表达自己到什么程度？
6. 如果你需要，你能在多大程度上向你丈夫或伴侣敞开心扉地诉说你对癌症的担忧？
7. 你丈夫或伴侣多久会跟你争论有关你患癌症的问题？
8. 你丈夫或伴侣多久会因为你患癌症而指责你一次？
9. 当你指望着你丈夫或伴侣时，他们是否会经常让你失望？
10. 你丈夫或伴侣以何种频率拒绝谈论你的疾病，或尽力转移话题，不谈你的疾病？

后面的部分涉及其他家庭成员、朋友和卫生保健工作者的相关情况。

经许可转载自 C.S. Carver，2006，SSSS（Sources of Social Support Scale）（Miami，FL：University of Miami，Department of Psychology）. 网址：www.psy.miami.edu/faculty/ccarver/sclSSSS.html。

你是哪类朋友？你乐于助人吗？你希望朋友们支持你吗？你会倾听吗？你会笑吗？

如何让自己成为更好的朋友

用这里提供的列表，回想一下你最好的朋友都有哪些优点，并且思考你如何才能成为一个更好的朋友。

开始

带着日记专注地坐着。

提示

考虑用下面的每个形容词去评价你和你最好的朋友给你们的友谊带来了什么。

- 活在当下——有活在当下并感到舒适和放松的能力。
- 值得信赖和尊重——是否由于与朋友的想法和情感产生了共鸣而增强了自信心？
- 无偏见——是否总是让人感到被接纳。
- 可靠——在需要的时候是否靠得住。
- 互惠——享受平等关系，期望的事情比较现实。
- 快乐——可以和朋友们一起笑，让事情变得轻松起来；不会恶意地使用幽默。

结束

你愿意采取什么方式使自己成为一个更好的朋友？

有关社会支持资源的日记

在你完成这个日记活动时，查看一下本章开头列出的那些社会支持资源。

开始

带着日记专注地坐着。

提示

1. 在前述这些社会支持资源中,你会向谁寻求支持?
2. 你如何为这些社会关系提供社会支持?
3. 你是否可以采取措施来加强自己寻求社会支持资源和为其他人提供社会支持的能力?

结束

设定目标,采取行动,增强自身提供社会支持的能力。

关于加强你自己的社会支持体系的日记

在这项活动中,你要探索改进你自己的社会支持体系的方法。

开始

带着日记专注地坐着。

提示

思考如下问题,并将你的想法写在日记里。

- 你如何界定一个真正的朋友?
- 你有兴趣探索那些能结识新朋友的圈子吗?
- 是否有一些可以体现友谊的榜样?
- 你是否会参与一项社区服务项目,在那里你可能会遇到其他参与这些有益项目的人。
- 你能凭借自己的技能做到诚实而不伤人吗?
- 你能设定健康的界限吗?比如留出独处的时间,不受干扰地学习,睡觉时不发短信。
- 你如何才能在给予和接受帮助时,培养更好的情商和"相互依赖"的群商,从而取得更多的成就?

结束

设定目标,采取改善你自己的社会支持体系的行动。

亲密的伴侣关系

学生们最常提到的压力来源是亲密的伴侣关系(即男朋友或女朋友)。人际关系中的许多冲突都与权力和控制有关。我们经常在亲密关系中感受到压力。研究表明,不愉快的关系会对我们的健康造成严重的伤害。

培养健康的亲密关系，要向你自己及你的伴侣询问如下问题：

- 在这段关系中，重要的部分是什么？
- 这种关系的利是否大于弊？因为二者之间的比例为 5 : 1 时才会产生快乐的关系。对于每个消极问题，一般存在 5 种能够传递爱的语言或行动，如表达爱、幽默、惊喜、触摸、深思熟虑的计划和沟通。
- 你们是否共担保持健康和快乐关系的责任？
- 当你们互动时，是否都感受到了彼此的态度、消极性、抱怨、责备、正确性、语调和语言的内涵？你们是否倾听并使用反射性反应来表明你们听到的不仅是内容，还有感受？
- 你们是否会问一些难以回答的问题（比如你的伴侣是否接受过性病检测，或承诺一夫一妻制），以及是否听到彼此可能不想听的回答？
- 如果你们存在一些矛盾或争执，你或你的伴侣会表现出尊重吗？如果分手了，你们俩都诚实吗？你们是直接说出来，还是通过短信告诉对方结束这种关系？

重复 3 遍你说的话：对每只耳朵说一次，再对心说一次。

未知作者

人际交流

许多压力都是因为误解而产生的。理解我们自己的感受，然后把它们描述或表达出来可能很困难，尤其是在有情感压力、受到恐吓或感到难堪时。当我们不直接跟人交谈，说话绕弯子以避免说出必须要说的话，传递不清楚的信息，回避交谈，或发送电子信息时，很可能沟通失败。花些时间梳理一下自己的情绪，再与别人交流，是管理压力的重要一步。沟通是一项重要的终身技能。它包括积极的倾听和专心的应答，以及诚实、可靠的态度和移情。还要记住，许多沟通交流的方式是非语言的，如我们的肢体语言和面部表情。保证你的肢体语言是尊重对方的，并且对他人的任何身体接触都传递着关心、尊重和同情。目光交流传递了许多的信息——你道歉时不看对方甚至会比语言传递更多的信息。

人际交流的一个重要技能是积极的倾听，包括你要全神贯注于你的同伴。下面是对练习积极倾听的一些指导：

- 保持尊重的面部表情，并使用目光交流。倾听不仅要用耳朵，还要用眼睛和整个身体。
- 你们之间要有一段距离，保持尊重。你要面对讲话者，同时，身体微微向前倾斜。
- 神情专注。尽可能让环境没有其他干扰。要关掉手机。
- 不仅要倾听内容，还要倾听语言背后的情感。
- 不要打断。再次强调，不要打断。
- 不要坐立不安（比如不停地敲打手指、抖动双腿）。
- 保持放松，你的同伴也会因此感到放松。经常点头表示对话题有兴趣。
- 注意身体语言（例如双臂交叉就是排斥和防御姿势）。注意你和同伴的姿态，注意你们之间的任何身体接触。
- 在你听清楚别人的意思之前，不要急于下结论。先不要急于反驳或快速反驳。

人际沟通还包括专注和经过深思熟虑的应答。这里有些指导：

- 允许停顿。尊重沉默，不要觉得有必要用闲聊来填补沉默。
- 转述或重复对方的话，以确保你的理解正确。重申并确认对方说的话，这样你才能清楚，并提出一些需要澄清的误解。
- 诚实地回答，不要陈词滥调。保证你的回答简单而直接。
- 不要假设或下结论。
- 提问是为了更好地理解他人的情感，换句话说就是移情。推动谈话（积极的话语能鼓励这个人继续发言，并坚信你想听他/她说话）。
- 使用尊重的语调和语言。
- 用一种放松的语速说话。
- 当你感到责备、依附、抱怨或消极的态度时，注意是保持关系更重要，还是正确更重要。
- 学会说"不"。当你想说"不"时，一定要认真！自信地说，尽量简短，并经常重复。

在努力改进沟通方式的同时，也要注意以下的沟通形式：

- 被动的沟通——不能或不愿意就彼此的情感和想法进行沟通。
- 侵犯式沟通——在不考虑他人权力的情况下进行沟通，包括恃强欺弱、谴责和不尊重对方。
- 自主性沟通（assertive communication）——把你所说的字面意思及其弦外之音表达清楚，坚持你的权利，同时不要侵犯他人的权利。在自主性沟通中，重点是就事论事、解决问题，而不是攻击他人。

当然，自主性沟通首先应允许他人发言。下面的建议可以帮助你改进自主性沟通的技巧：

- 考虑什么更重要——人际关系或友谊更重要，还是观点正确更重要？
- 紧扣主题，避免太多的信息。
- 避免使用俚语或带偏见的语言。

自主性沟通的权利

在自主性沟通中，双方有如下权利：
- 认真地说"不"
- 不马上回答
- 改变想法
- 吸取教训
- 知错就改
- 寻求帮助
- 坚持看法（但不要把它们强加于别人）
- 对变化保持开放和灵活的态度
- 简单、直接和真诚

- 尽量选择面谈进行沟通。人际沟通应该在现实生活中面对面地进行，而不应该通过手机或电子方式进行。
- 避免太执着于消极面，要寻找解决问题的办法。要针对问题本身进行评论，而不是攻击他人。
- 为了理解而倾听，而不是假装倾听，同时专注于你接下来要说的话。
- 邀请对方阐明或做更详细的说明。
- 要将你理解的对方的想法和感受反馈给对方。
- 使用自主性沟通语句，比如第一人称语句：
  - 客观地陈述。
  - 说出你对他人的行为或语言有何感受，而不是说他/她让你产生了这种感觉。用"我感觉"，而不是"你让我感到"的表达方式。
  - 以请求的方式明确地说明你想要什么，并说出结果会让你感觉如何。
  - 邀请他人回应你的请求。
  - 征得同意。
  - 示例：当你因为〔后果〕时〔已经发生的事情〕，我觉得〔自身现在的感受〕。我想要〔要求他人去做你想要的事情〕。你愿意去做这件事吗？

练习积极地倾听

使用指定的主题或"提示"部分列出的主题。在班里，两人结对练习积极的倾听。设定一个时间表，比如给每个人 1 分钟的时间去表达，而另一个人则积极倾听。

开始

同伴彼此面对面专注地坐着。

良好的沟通包括双方积极地倾听和愿意主动表达自己的想法。此刻，要真诚地倾听你朋友的谈话，并专注于此。但是，也要让自己畅所欲言并参与到对话中。

提示

积极倾听的主题：
- 你曾经经历过的最有趣的情景。
- 你最钦佩的人以及让你钦佩的原因。
- 你生命中最值得骄傲的时刻。
- 你梦想的职业。
- 你最喜欢的记忆。

结束

在你们完成了几轮积极倾听的练习之后，回想一下，你的同伴是如何表现出积极倾听的。

我生活中的自主性沟通日志

使用附录中"我生活中的自主性沟通日志"。回想一下，你在与人沟通中是如何运用自主性沟通的。

开始

带着日记和复印的工作表专注地坐着。

我生活中的自主性沟通日志

	给予	接受
批评		
承认需要和权利		
表达消极感受		
表达积极感受		
感谢		
接受不同的观点		
提出请求		
全情投入而不分心		
说"不"		
倾听且不打断		

From N. Tummers, 2013, *Stress Management: A Wellness Approach* (Champaign, IL: Human Kinetics).

可以在附录里找到"我生活中的自主性沟通日志"。

提示

反思自己在自主性沟通中给予和接受的能力。

结束

你愿意采取哪些措施来提高自己进行自主性沟通的能力呢?

解决矛盾

矛盾是两个有着不可调和的观点、兴趣、看法或需求的人之间的一种争斗。以促进健康的方式解决矛盾是健康的人际关系的一个重要方面。以建设性的方式解决矛盾实际上可以巩固人际关系。

下面这种循序渐进的方法,可以帮助你解决与他人的矛盾:

1. 求同存异,厘清矛盾的实质。
2. 在这种情况下,每个人都想得到什么?轮流认真地倾听,不要打断。
3. 阐明你对对方诉求的理解。如果有些事不清楚或你没有完全理解,一定要提问。
4. 考虑可以解决矛盾的可行性方案。
5. 共同决定哪种解决方案最好,双方同意尽最大努力去解决矛盾。
6. 商定如果再产生此类矛盾,你们会怎么做,或者你们能做些什么来防止矛盾再次产生。
7. 你们各自愿意采取什么措施来修复这段关系?

化解矛盾

在这个活动中,大家在共同形成一个解决方案之前,将各自思考如何解决矛盾。

开始

使用循序渐进的方法来解决矛盾。

提示

首先,每个人都要各自对矛盾进行反思:

- 在这种情况下你想要什么?
- 考虑可以解决矛盾的可行性方案。
- 在这种情况下你的责任是什么?

其次,大家共同讨论存在的矛盾:

- 每个人都要陈述他们希望如何解决矛盾。阐明你对他人诉求的理解。如果有些事不清楚或你没完全理解,一定要提问。
- 共同决定哪种解决方案最好,双方同意尽最大努力来解决矛盾。
- 共同商定如果再产生此类矛盾,你们会怎么做,或者你们能做些什么来防止矛盾再次产生。

- 你们各自愿意采取什么措施来修复这段关系？

结束

　　回想一下解决矛盾的过程，并思考你们是否能共同解决矛盾。尽管目的是解决矛盾，但是其中的过程同样重要。你们可能会在某个特殊的问题上求同存异，也可能认为你们还需要更多的时间才能解决它。

性别差异

　　在压力和压力管理方面，男、女性之间有差异吗？研究表明，答案是肯定的。因为女性的体格通常比男性小，所以当她们面临应激情境时，或许不太可能战斗或逃跑。男性可能更适合采用没有太多对话的方式来解决问题（即"让我们快速地解除这个威胁！"）。女性的传统角色是保护儿童，从而保证下一代的生存，这可能会导致女性控制情绪的那部分大脑增强。还记得大脑的杏仁体有分析和处理情绪的能力吗（见第1章）？结果显示，女性大脑的这部分功能要比男性强。女性倾向于寻求与他人的情感联系，而且她们的沟通风格往往侧重于处理过程和邀请他人来专门解决问题或处理情况。Taylor及其同事（2000）发现，女性更多地表现出她们称之为"照料和交友的活动"。这可能是由于女性有较高的催产素、催乳素和雌激素水平。他们注意到，女性是通过保证其家庭成员在情感和社会上能得到关照来对压力做出反应的。

　　因此，尽管女性对情感状况很敏感，但她们往往不通过这个出口来表达其感受。在我们的文化中，当众大哭通常被认为是不合适的。拥抱或者示爱可能会让人皱眉。在文化上也不鼓励男性表达爱意或情绪化。

　　了解男、女性在行为上的差异对理解我们的伴侣、同伴、家庭成员以及朋友是如何对压力做出反应的很重要。在任何情况下，性别都不是优于他人的因素。在关系背景中，重要的是要知道所有的关系都跟权力问题有关。我们在伴侣关系中体会到了这种牵制：想要控制与想要信任我们的伴侣，不想受到控制与想得到安全感和保护，以及想要承诺与想要自由和自主。

　　Lise Eliot在《科学美国人》杂志上发表了一篇题为"女孩的大脑，男孩的大脑"的文章。她写道，虽然男、女性可能存在解剖和生理上的差异（例如大脑解剖结构），但是这些差异并不意味着所有男性和女性的行为方式都是不一样的。个体的性别特点，比如人际交流风格，是由经验和模式而形成的，并不是"本能的"或预先决定的（Eliot，2009）。

　　美国心理学协会（American Psychological Association，2012）发布了一份名为《美国的压力：我们的健康风险》的报告，该报告是针对全美18岁以上的成年人对压力的态度和认知所进行的一项全国性调查。在有关压力和压力管理的性别差异这部分中，调查显示了女性比男性更有可能报告与压力有关的身体症状。女性在生活中也更有可能与他人建立联系，这是她们压力管理中的一个重要因素。

重点研究

性别差异和压力

2004年发布的一项研究测查了来自不同经济背景的1566名女性和1250名男性（年龄18～65岁）在压力和应对压力方面的性别差异（Matud，2004）。Matud发现，在考虑了收入和其他社会经济因素的影响之后，女性经历的慢性压力和日常困扰的程度比男性更高。男、女性都经历了相似数量的人生事件，但是女性认为，她们的生活事件要比男性的更消极和更难以控制。与男性相比，女性比男性更频繁地列出与家庭和健康相关的压力事件，而男性则更频繁地列出与人际关系、经济和工作相关的压力事件。女性更多地采用感性和回避的应对方式，很少使用理性和超然的应对方式。男性在通过表达情感来应对压力方面更为保守和犹豫。与男性相比，女性报告了更多的症状和心理痛苦。这项研究提示，女性经历了更多的压力，她们比男性更多地使用聚焦于情绪的应对方式。

男性和女性如何以不同的方式来管理他们的良性压力和不良压力

在这项活动中，关键是要让男、女性看到，他们是如何以积极和消极的方式来管理压力的。没有哪个性别更优越或更有天赋。

开始

由3或4人组成混合性别团队。

提示

与你的团队一起讨论男、女性在对压力源的体验、对压力的反应方面为何不同，同时讨论他们是如何以健康和不健康的方式来管理压力的。不要认为一种性别优于另一种性别。请思考这些差异是怎样在特定的社会环境下产生的，而不仅仅是自然界的产物。

结束

反思：理解和认识性别差异是怎样提高你的社会支持水平的。

@ 网络链接

性别差异

找出更多男、女性之间的压力差异，阅读由美国心理学协会发布的报告。
www.apa.org/news/press/releases/stress/gender-stress.pdf

动物辅助治疗

宠物伙伴（以前被称为Delta社会）：这个公益组织为人们和他们的狗提供认证，让它们成为动物辅助治疗的宠物搭档团队。你也可以在本地区的网站上寻找一个宠物搭档团队。www.petpartners.org

宠物提供无条件的爱、乐趣和积极的社会互动。

动物辅助性活动

人与动物的关系是一种重要的社会关系。动物辅助性活动（animal-assisted activities，AAA）在提高人们的生活质量方面提供了激励、教育、娱乐或治疗的机会（Pet Partners，n.d.）。

Fine 在《动物辅助治疗手册：理论基础和实践指南》一书中写道（2010），花时间与一个有治疗作用的动物在一起可以提供身体接触、缓解压力、减少孤独感，并有助于人们放松身心。动物辅助性活动提供积极的社会互动，从而解决了社会健康问题。宠物在其自身、主人以及接受服务的人们之间提供了一种积极的社会互动资源。宠物也可以成为一种无条件倾听的资源。

许多大学在期末考试期间邀约有治疗作用的动物进入校园。因为许多学生住在宿舍，没有家里狗狗的陪伴，在学习间隙花时间和狗在一起会是一种很受欢迎的休息方式。宠物搭档团队还去医院、康复中心、学校和图书馆提供社交活动，让人们有时间与无偏见的朋友在一起。

总　　结

社会支持是最佳健康状态中的最重要的指标之一。尽管媒体和社会可能认同保持良好的状态和体质才是健康最重要的因素，但是当提到积极的健康结果时，社会支持的作用会高出一筹。社会支持的质量非常重要，这不是说你在脸书上有多少朋友。寻求社会支持，以及为他人提供社会支持是你一生都要做的很重要的事情。认真思考一下本章所介绍的那些提高你提供社会支持能力的方法，比如积极地倾听和专心地应答，自主性沟通和解决矛盾，以及理解性别差异等。第 6 章将对健康和压力管理的精神层面进行探讨。

第6章

灵性健康

人类是我们称之为"宇宙"的这个整体的一部分，是有限的时间和空间的一部分。人类把自己的思想和情感看做是与其他事物分离的东西来体验——这是意识的一种错觉。努力使自己摆脱这种错觉是一个真正的宗教问题。不要去滋养这种错觉，而要去战胜它，这才是获得内心平静的方法。

阿尔伯特·爱因斯坦

因为灵性健康有许多含义（George et al., 2009），所以很难给它下定义。重要的是去寻找一个最切合你自己个人信仰的定义。在一项为期7年的名为"国家高等教育灵性研究：学生对意义和目的的调查"的研究中，研究人员对大学如何促进学生的精神品质发展这一主题进行了考察（Astin, Astin, & Lindholm, 2004）。他们调查了全美136所学院和大学的14 527名学生，并进行了学生和教师的个人访谈、小组访谈和教师调查。研究显示，灵性方面的品质具有如下特征（Astin et al., 2004, p.8）：

- 信仰的精神之旅——积极地追求生活的意义和目的。
- 关怀伦理——对他人关心和同情。
- 无私的参与——一种为他人服务的生活方式，如帮助朋友解决问题。
- 镇定——保持内心平和、精力集中的能力，尤其是在压力情况下。
- 富有同情心的自我理念——承认人们具有同情、仁爱、豁达和宽容的品质。

返回到第1章中对马斯洛的需要层次理论的讨论（Maslow, 2011）。层次理论的最高点是自我实现，意思就是充分发挥我们的潜力。精神境界是自己对自我实现的个人追求：它能够加深我们的自我意识，加深我们与他人的联系感，能够寻找和实现我们的生活目标。

宗教是一个与具体的教义相关的、有组织的信仰和实践体系，诸如犹太教和基督教。灵性有一个更加广阔的视野，宗教信仰并非其必要的组成部分。拥有宗教信仰或参加宗教仪式或许是人们对灵性的个人定义。培养灵性健康的目的在于去发现对你而言真实而有意义的行为。

美国国家高等教育灵性研究的结果显示（Astin et al., 2004），精神状态与身体健康呈正相关。具体来说，精神方面得分较高的学生比那些得分较低的学生更有可能不酗酒或不吸烟，更可能拥有健康的饮食习惯，而且他们的健康水平一般高于平均水平。此外，那些对宗教问题产生抵触的学生更有可能彻夜不眠和因疾病而不能上学。研究人员得出的结论是，为学生们提供更多的机会与他们的"内在自我"连接提高了他们的学业成绩、领导能力、自信心，以及对大学生活的满意度。同时还发现，冥想和自我反省的能力是促进学生们精神发展的最有力的方法（Astin et al., 2004）。

灵性被认为与健康生活的方方面面息息相关。Karren 及其同事（2010）在其著作《态度、情绪和人际关系对身心健康的影响》中对灵性健康的特质进行了总结。他发现，许多特质在以优势为基础的压力管理方法中都有所体现：

- 内在的控制点——基于自己的价值观和真实情况而生活。
- 意义感——就个人而言，意义可能与家庭或人际关系、为他人服务、工作或利他行为有关。意义感还可归因于宗教教义或宗教信仰。
- 希望——对未来的积极展望。
- 连接感——感觉与我们自己和他人以及更高的力量相连。
- 宽容、共情和同情——有能力以同情的态度对自己（自我同情）或他人的痛苦做出反应，并希望以某种方式帮助自己或他人减轻痛苦。

我们做出的抉择不仅影响自己，还影响周围的人。如果我们选择沉着冷静和内心平和，我们就会激发出一种镇定和外在的平和状态。感到孤独或失去了与内在自我的联系，可能是一个重大的压力来源。

当我们与有相同信仰的人在一起时，可以把灵性的仪式作为压力管理的个人资源和一种社会支持。这样的仪式和行为有如下表现：

- 从忙碌的生活中抽出时间，到一个敬拜的地方。基督教和犹太教中的安息日就是每周留出一天用于灵性的更新。
- 参加传统的活动，比如唱歌、祷告和读励志的文章。
- 当面临生命中死亡、悲痛和丧失至亲的问题时，拥有信仰和力量。
- 接受他人的关心和安慰。
- 遵守健康的行为，比如在大斋节（基督教传统）期间不饮酒或不吸烟、禁食以及不吃肉。
- 通过服务项目、利他行为和捐赠，帮助那些不幸的人。

@ 网络链接

同情和利他行为

- 同情和利他行为研究与教育中心（CCARE）：该组织由斯坦福大学主办，其使命是研究并发现同情和利他行为的实际应用。http://ccare.stanford.edu
- 灵性、神学和健康中心：杜克大学的这个中心聚焦于宗教、灵性和健康领域的研究，并促进该领域以证据为基础的学术研究的整合。www.spiritualityandhealth.duke.edu

压力管理和灵性修炼

很难确切地说出灵性对健康的影响，因为灵性是一个复杂而又多维度的概念（George et al.，2009）。在对71篇有关灵性健康的研究论文的学术回顾中，Hawka及其同事（1995）发现，引导性想象、冥想和团体支持性活动等灵性健康练习对社会、情绪和身体健康状况有一定的改善作用。

祷告可以作为一种冥想，并被定义为专注于个人的信仰。祷告和冥想都是个人训练，如何祷告取决于我们的信仰。Larry Dossey是在医学模式领域里进行祷告研究的先驱。在其著作《话语的治愈：祷告和医学训练的力量》（1995）一书中，他总结了大量研究证据。这些研究也证明祷告会改善健康结果和生活质量。Benson在他的著作中提到了我们与生俱来的治愈和完善自身的能力，这也是对Larry Dossey研究成果的回响（Benson，2000）。根据Kohls及其同事的研究（2011），对良好健康结果的信念源于感觉到被赋予了力量，有连贯感，以及感觉得到了支持和有安全感。

仅通过帮助别人就能获得一种自然的、感觉良好的内啡肽冲动。

利他主义

利他主义指的是为他人服务，并希望投身于比我们自身更伟大的事情。这不同于志愿活动。志愿活动是人们为了满足课程要求而做的事情，或是作为对违反法律行为的惩罚（比如社区服务时间）。社区服务可能是强加给我们的，或者我们可能认为这些工作对丰富我们的简历有帮助。另一方面，利他主义是为他人做事而不求回报、不求感激的。研究人员Allan Luks（1988）创造了"助人者的快感"一词，用来描述利他主义如何使我们感觉良好。他调查了全美3000多名志愿者后发现，那些助人的人们报告了自己有积极的感觉或"快感"，感受到了内心的强大和平静，不仅提高了自身能量和自尊感，还减轻了疼痛和抑郁感。Luks 提出，利他主义类似于运动，通过释放内啡肽帮助人们对抗压力——当我们帮助他人时，我们内心会感觉更好、更平静。甚至更有利的是，他发现仅仅是回想过去的利他行为，都会产生同样良好的感觉。现在，你也想一件你每天都能做并且会帮助他人的善事。

宽　　恕

宽恕是释怀所有伤害、怨恨或烦恼的能力（International Forgiveness Institute，n.d.）。Luskin、Ginzburg 和 Thoresen（2005）发现，报复或伤害的想法会使体内产生皮质醇，这会对我们的健康造成不利的影响，比如免疫系统会受到抑制。但是，当人们学着宽恕时，他们的心率、血压、痛觉就会降低，抑郁症状也会减轻。

宽恕不是遗忘或纵容，而是通过释放过去的伤害和失望所造成的能量及负面压力，进而消除其不良影响。它可以释放能量去进行更积极的活动。Luskin（2003）为宽恕练习提供了如下建议：

- 花些时间把情况说清楚，可以找一位可靠的朋友一起讨论它。
- 要基于什么对你最有利和什么会让你感觉更健康来决定是否宽恕。
- 宽恕不一定包括面质违法者或纵容他 / 她的行为。宽恕是你为减轻伤害、释放自己，并改变导致压力的内心对话所做的一切事情。
- 专注于当下。不要反复地回想过去，而是从现实的角度来看待当前的情况。
- 运用压力管理方法，比如集中式呼吸、放松、思维停止等，以防止不良情绪升级为应激反应。

@ 网络链接

压力管理和灵性练习

- John Templeton 基金会：这个公益组织对一些"重大问题"进行研究，包括生命的目的和"终极现实"。感兴趣的领域包括创造力、宽恕和爱。www.templeton.org
- 灵性的科学：该公益组织专注于通过冥想练习来提高灵性的力量。

利他主义

国际利他主义者：这个民间组织致力于将利他主义作为一种社会规范推广到全世界。www.altruists.org/about

宽恕

- 学会宽恕：由 Frederic Luskin 主持的宽恕项目对宽恕培训进行研究。http：//learningtoforgive.com/about
- 宽恕研究运动：这个公益组织对宽恕与健康结果的相关问题进行研究。www.forgiving.org

- 不带有任何期待地去观察情况。期待是我们强加给他人的规则，他人可能对此一无所知或者不愿意去遵守！
- 把你的精力用在积极地解决问题上，而不是陷入对现状的沉思中。也就是说，按"向前"键，而不是反复地按"重复"键。
- 把宽恕视为一种给我们力量，不再让越界者"靠近我们"，并且避免由此产生的应激反应的选项。

基于 Luskin, 2003。

写一封宽恕信

给你一直怀恨在心的人写一封信。当你通过信件释放消极性和怨恨，并以同情和共情来代替不良情绪时，描述你的感受，看看这对你的帮助有多大。你不需要把这封信寄出去，单纯用语言表达你的感受，并转为同情和换位思考的态度，这个过程对向前迈进很重要。

宽恕冥想

这个活动以意识到愤怒和怨恨开始，然后才开始去宽恕。通常情况下，我们会把这些消极的感受赶走，而不会花时间在一个安全的空间里去探索它们。

开始
采取专注的坐姿。

提示
1. 做5次放松的深呼吸，让你自己尽量放松和平静。
2. 询问自己是否需要跟某人交流一下你的愤怒、伤痛或怨恨的感受。
3. 回想一下这个人。诚实、直接地告诉这个人你的感受。不要评判或过滤你的话语，但要尽可能地真诚。
4. 如果你想听，就请此人说出他/她的看法。
5. 要记住，宽恕并不意味着纵容对方的所作所为。
6. 体会你现在的感受，以及你愿意原谅别人到什么程度。

◎ 重点研究

宽恕项目

55名斯坦福大学的学生参与了一项包含宽恕培训项目的试点研究（Luskin et al., 2005）。培训内容包括愤怒管理和使用宽恕作为解决问题的方法。在6周的时间里，学生们每周开会60分钟。与等待名单中的对照组学生相比，治疗组学生的自我效能感、愤怒管理和宽恕能力都有显著改善。Luskin 正在继续着被他称为"宽恕项目"的研究。

7. 做几次呼吸，然后敞开心扉，向此人表达你的同情和怜悯之情。如果你愿意，也可以对他说"我原谅你"。

你可能需要多做几次步骤 1 到 6，然后才能做好准备去完成宽恕的最后一步。

结束

做几次放松的深呼吸，感谢你重新找回的怜悯之心，感谢自己愿意去宽恕。也许你也可以花些时间，通过日记的方式来思考这个活动。考虑写一句你想释怀、让生活继续的肯定话语，比如"我原谅那些让我感觉不那么好的人。我现在就能放下这些。我原谅自己，平静地放下"。

如果你发现很难去原谅，那就练习原谅你自己。试一下这个肯定句："我知道此刻我感觉很差。我想对自己仁慈一些，并感受无条件的爱和幸福感。"

感 恩

基于在加州大学洛杉矶戴维斯分校进行广泛研究的结果，Robert Emmons 将那些怀有感恩之心的人的品质描述如下：

- 幸福——有积极的情感，生活满意，充满活力，乐观，较少将注意力放在压力事件和抑郁情绪上。
- 灵性——参加宗教活动，体会到与生命的内在连接，对他人有承诺和责任。
- 群商——换位思考，能从他人的角度观察事物，豁达，乐于助人。
- 不贪图享乐——对物质的依赖减少，很少嫉妒他人，愿意分享财富。

摘自 Emmons，2001。

一项有 201 名大学生参与的研究发现，与那些不写感恩日记的学生相比，那些每周坚持写感恩日记的学生们参加体育活动的次数更多，更少报告躯体症状，更有规律地锻炼身体，对即将到来的一周更加乐观，对生活普遍感觉更好（Emmons & McCullough，2003）。

写一封感谢信

在这个活动中，你要给那些使你的生活变得更好的人写一封感谢信。

开始

带着日记或稿纸专注地坐着。

提示

1. 写一封信，明确地告诉对方他/她做的什么事情激励了你。

2.感谢对方对你的影响，并表示你将努力以一种积极的方式去影响他人。

结束

考虑约个时间和对方见面，并给他/她读这封信。

基于 Seligman，2011。

写感恩日记

学生们报告说，写感恩日记是改变他们态度最好的方法之一。这会让他们认识到世界是一个充满了机会的世界。

开始

采取专注的坐姿。用手机、笔记本电脑或特定的日记本写感恩日记。每天留出一段特定的时间来写日记（例如饭前或晚上）。

提示

1.列出你今天要感谢的每一件事。使用除"感谢"以外的语言可以帮助你表达这种心情。如果你难以表达感恩之情，可以考虑对你所得到的一切采取一种感恩的态度（没有"但是"）。看看你是否能感谢自己遇到的好事、人们的微笑以及快乐时光。下面这些短语可能会有帮助：

- 我感谢 _____。
- 我感激 _____。
- 我很幸运 _____。
- 我对 _____ 表示感谢。
- 我很荣幸 _____。

2.思考一下"感谢"这个词以及它对你的意义。

结束

当你完成练习时，安静地坐下来，花几分钟时间重复祷告语"谢谢你！"。然后，怀抱着对未来的感激之情，设定一个目标。

其他灵性健康练习

到目前为止，我们已经回顾了许多与减压有关的灵性特质方面的研究，包括冥想和祷告、引导性想象、同情、利他主义、宽恕和感恩。学生们还报告了他们在听音乐、大笑、欣赏艺术品、与鼓舞人心的人共度时光、读到宗教书籍或励志人物传记中的激励话语时会感到振奋。他们也在亲近大自然中找到了精神力量，以此来增进他们的灵性健康，同时也用来管理他们的压力。

寻找生活中的美好事物

这个日记活动类似于感恩活动，但它提供的视角可以鼓励你更加开放地寻找生活中美好的事物。

开始

带着日记专注地坐着。

提示

1. 记录 3～5 件今天进展顺利的事情。
2. 思考它们进展顺利的原因。
3. 为了让更多的事情在未来能顺利进行，考虑一下你能做的事情。

结束

思考一下，从发现美好事物这个视角来看待你的一天是什么感觉。给自己设定一个目标，让自己在未来的生活中去发现美好的事物。

基于 Seligman，2011。

人生箴言

这个活动是关于寻找励志话语的。这些话语可以是语录、诗歌或歌词。你也许想和同学一起来分享这些话语，或写关于这些话语的日记。

仁慈冥想

我们必须先关爱且善待自己，才能爱别人并拥有仁慈之心。正如在第 4 章中讨论消极的自我对话时所说，当我们对自己的行为感到不满时，对自己说一些充满爱和仁慈的话语会帮助我们认可自己。

开始

专注地坐着。

提示

1. 默默地重复下面的句子，在每读完一句话后停顿一下，感受话语背后的含义：

- 愿我像现在这样快乐。
- 愿我无论发生什么事都能保持平和。
- 愿我安全且免受伤害。
- 愿我的心灵充满智慧。

2. 现在，重复这些饱含慈爱的句子，并把这种慈爱带给你周围的人：你的家庭、朋友和社区里的人。

- 愿你像现在这样快乐。
- 愿你无论发生什么事都能保持平和。

- 愿你安全且免受伤害。
- 愿你的心灵充满智慧。

3. 现在，把这些慈爱的话语发送给与你有过矛盾或对你不好的人。
   - 愿你像现在这样快乐。
   - 愿你无论发生什么事都能保持平和。
   - 愿你安全且免受伤害。
   - 愿你的心灵充满智慧。

4. 最后，向所有的生灵——动物、大自然、世界和地球母亲传送这种慈爱。
   - 愿众生都幸福快乐。
   - 愿众生无论发生什么事都能保持平和。
   - 愿众生安全且免受伤害。
   - 愿众生的心灵充满智慧。

结束

思考一下，为什么先向自己表达慈爱那么重要？你向身边的人以及众生表达慈爱是一种什么感觉？向难以相处或对你不好的人表达慈爱是什么感觉？思考一下，将这个练习作为一种压力管理方法会对你有什么好处。

在你有能力真正地关爱和善待他人之前，你必须先学会关爱且善待你自己。

设定灵性健康的目标

我们经常会制定一些目标,比如减肥目标,或在一门难学的课程中争取好成绩的目标(见第4章中有关目标设定的讨论)。可是,改善我们的灵性健康往往是我们渴望做,却又没有投入精力去做的事情。我们常对自己说现在没有足够的时间去做这件事,想推后再做。下面这个活动会鼓励你去制定一个具体的灵性健康目标,并保证你自己为实现这个目标负责。

开始

思考一下你想去探索和加强哪些灵性健康方面的品质。

提示

1. 选择一个灵性健康方面的品质,做好计划,在下一周进行训练(例如,增强你的感恩情感)。写一个与这种品质有关的具体目标和你能采取的一些行动,以"我将要"开始。

2. 选择一种对达到目标负责任的方法。这可能包括记录你朝着这个目标进展的情况。

结束

想一想你是否能在生活中实现这个目标。

总　　结

灵性健康可以被看做是所有健康的基础。人们的最高需求往往是在寻求重大问题的答案过程中找到满足感,比如"我的目的到底是什么"。我们的日常行为会帮助我们去寻找这些问题的答案。改善我们的灵性健康包括关心我们的生理需求、与自己的内心和他人连接、对自己高度重视,以及采取积极步骤去实现我们的最大潜能等内容。当你阅读本书的各章节时,许多压力管理活动(如果不是大部分的话)都可能会对你追求灵性健康有所帮助。下一章,也就是最后一章,将探索我们的环境是如何影响我们对压力的感受的,也将讨论我们可以如何设置周围的环境来管理压力。

愿你的灵魂之光引导你。愿你的灵魂之光用内心神秘的爱和温暖祝福你所从事的事业。

John O'Donahue

第 7 章

环境健康

放慢脚步，享受生活。这不仅是因为行事匆忙会让你错过很多美丽的风景——也是因为太过匆忙会使你忘记初心、失去方向，不能享受奋斗中的各种体验。

埃迪·坎特（Eddie Cantor）

本章将讨论我们所生活的环境，它是如何给我们带来压力的，以及我们如何管理来自于环境的压力。下面是一些环境压力的示例：

- 科技——午夜发来的信息，期末考试期间电脑驱动器崩溃。
- 光——刺眼的光线，电子设备发出的过多高对比度的光线，户外日光浴的有害影响，缺少阳光的冬季。
- 温度——过高或过低的气温（高温会增加攻击行为）。
- 空气质量——室内外的气味，如室内的侧流烟和室外的空气污染。
- 噪声——各种不同强度和来源的噪声，例如汽车喇叭声、交通噪声、MP3播放器发出的高音量声音等。
- 人体工学问题——工作间的设置、不良的姿势（例如蜷缩在沙发上的笔记本电脑前）、室内杂乱无章（例如无秩序地堆放太多的物品）。

退一步，好好考虑一下环境中这些造成压力的要素，创造一种有助于我们管理压力和治愈的环境。治愈的环境是指将上述各要素全面考量后，为获得最佳健康状况而创造的空间。

科 技

科技是把双刃剑——它可以提高我们的生活水平，使事情变得更容易，也可以给我们造成重大的压力。想一想，当你的笔记本电脑或手机崩溃时，你将承受多大的压力！关于科技，要考虑的一件事是：科技将如何帮助我们与他人产生互动，比如在脸

> **@ 网络链接**
>
> **环境健康**
> Tox 镇：这个由美国国家健康研究院赞助的网站提供有关市政环境健康问题的信息。http://toxtown.nlm.nih.gov
> **电视**
> LimiTV：这是一个公益组织，鼓励人们去思考过度看电视的问题。www.limitv.org

> **重点研究**
>
> **虚拟现实和压力管理**
>
> Grassi、Gaggioli 和 Riva（2009）对使用多媒体手机减压进行了研究。一个由 120 所意大利大学的通勤者组成的团体被随机分成 3 组。研究人员分配给其中一组的任务是，在其每天乘车上下班期间观看手机里的视频，同时听视频里的声音；第二组学生只听音频；而第三组什么都不听（即无干预）。与音频组和无干预组相比，观看配有放松讲解的山脉湖泊视频的那组焦虑水平有显著下降，并且放松水平有所提高。

书上与老友联系和沟通。此外，通过社交软件看到大家都玩儿得很开心可能会让你感到压力，看到人们令人讨厌和无礼的行为和语言也会让人感到有压力。但同时，科技也能帮助人们管理压力，比如在压力管理活动中使用心率监测仪、聆听喜欢的放松曲目或使用手机应用程序追踪工作进程等，都会减轻我们的压力。

电视是科技进步的一个重要方面。因为现如今看电视已经不是主要的娱乐活动了，"屏幕时间"一词更能体现媒体所占的时间。人们在看喜欢的节目或喜剧时会感到放松，但观看时间应适度。想一想，你花在被动娱乐上的时间有多长？专家建议，我们每天的屏幕时间应该限制在 2 小时以内。

下面是过多屏幕时间带来的危害：

- 观看鼓吹食品、补品和药品神奇力量的广告和商业节目会误导人们不正确地使用这些商品，从而忽视更有益于健康的方式。
- 商业广告将重点放在并非我们需要的特性上，并且让我们相信身外之物会使我们更快乐（例如最新版手机）。
- 观看真人秀节目可能让人们误认为那就是现实情况。
- 长时间的坐着会让人无精打采和缺乏活力。

根据 Beresin 的报告《媒体暴力对儿童和青少年的影响：临床干预机会》（2010），观看暴力视频与攻击行为有相关性，而且观看者可能会对暴力行为麻木不仁。另一个问题是，电视上并没有演示解决冲突的模式；儿童、青少年很少看到移情模式。

不插电挑战

通常，直到我们的手机或平板电脑断电或电池没电了，我们才意识到日常生活有多离不开科技。众所周知，科技可以极大地缓解压力，比如在危机中帮我们与所爱的人沟通。但是我们也要思考，科技是否破坏了我们的生活质量。这场"不插电挑战"鼓励你坦诚地关注科技在你生活中的作用，并且体验不插电会如何改变或改善你的生活。

开始

这项活动包括两个部分——注意你是怎么"插电"的，然后感受不插电源将如何影响你的生活质量。你可以把你的反应记录在表格上、日记或日志里。

提示

1. 第一步是诚实地评估"插电"对你和你的生活质量的影响。例如，你开车时发短信吗？你玩电子游戏而不学习吗？你经常在上课时查看脸书吗？你常用手机聊天而不参加聚会或活动吗？你是否经常上网冲浪，而不为你的学期论文进行适当的网络搜索？花时间反思一下科技在你生活中所起的作用，并且征求朋友们的意见。例如，你可能会听到朋友抱怨，当你们一起出去玩时，你一直给别人发短信却根本不注意他/她是多么烦人。

2. 第二步是做决定：你要保证在一段时间内远离科技产品。你可以在某个周末的早上拔掉电源，或在白天的某段时间内拔掉电源，或晚上早些关机。注意一下你远离科技产品的感受。问问那些可能因你使用科技产品而受到影响的人们：休息一会儿是什么感觉（例如室友们可能很享受这段不被打扰的时光，他们不用在学习时不停地听到你的手机铃声了）。你可以注意一下你不插电源时的压力水平。开始你可能会有些焦虑，因为你正在打破某些习惯。注意一下当你不经常查看手机时你的感受。

结束

在你完成这个活动后，思考科技是如何影响你的压力水平的。你是否会继续进行下一步，比如保证上课时不查看手机，或开车时不发短信？

光　线

光可以成为一个压力源。考虑一下强反射光、刺目的光、背景光以及人工光源带给人的压力，以及由此而产生的眼疲劳、头痛、失眠和焦虑等症状。当我们接触电子设备和 LED 照明发出的蓝光等人造光时，我们身体产生和利用复合褪黑素的能力会下降，从而导致睡眠紊乱和昼夜节律的改变（Harvard University Newsletter，2012）。人类生理、心理和行为的变化遵循 24 小时周期节律，身体多个系统会对光线的变化作出各种反应。昼夜节律紊乱会导致睡眠紊乱和其他的健康问题，比如糖尿病、抑郁症（National Institute of General Medical Sciences，n.d.）。当身体接触到由日光和特制的灯泡发出的全光谱照明时，血清素水平就会升高。血清素是一种神经递质，它帮助人们调节学习、情绪和睡眠。下面是使用光线来调节你的昼夜节律和褪黑素水平的方法：

- 晚上，你的台灯要使用红灯泡（red lightbulbs）；这种灯泡常可最低限度地抑制褪黑素和改变昼夜节律。
- 睡前几个小时要关掉所有的电气设备。

- 增加接触日光的时间。研究建议，多接触日光可以改善学习（Heschong Mahone Group，1999）。根据达特茅斯大学学术技能中心（Dartmouth University's Academic Skills Center，2012）的研究，在白天学习可以延长学习内容在大脑中的存留时间。

夏季，当光照强烈时，我们会感到更有活力；而在冬季或天气恶劣时，我们就会倍感疲倦或懒惰。根据耶鲁大学医学院冬季抑郁症研究诊所的研究，季节性情感障碍（SAD）通常发生在冬季的几个月里，此时阳光的光照强度减小，我们接触自然光的时间也缩短。女性患季节性情感障碍的风险比男性高4倍。其他危险因素包括有这些疾病的家族史和生活在北方的气候条件下。

耶鲁大学医学院冬季抑郁症研究诊所确定的季节性情感障碍的症状如下：

- 情绪低落和疲劳
- 渴望碳水化合物，尤其渴望甜食和淀粉
- 食欲增加，体重上升
- 嗜睡或早上醒来有困难
- 工作效率下降
- 远离社交

经许可转载自 P. Desan, *Signs and symptoms of winter depression* (New Haven, CT: Yale School of Medicine). 网址：http://psychiatry.yale.edu/research/programs/clinical_people/winter.aspx。

在海滩上和朋友们享受一天的美好时光，获得充足的日光，战胜炎热！

应对季节性情感障碍的许多技巧和用于压力管理的生活方式训练相同，包括：锻炼身体，长时间在户外接触自然光，食用复杂的碳水化合物，特别要注意摄入蔬菜。

温 度

许多人都听说过"三伏天"这个词。研究显示，在一年最热的几个月里，暴力事件会有所增加（Anderson，2001）。在那些闷热的日子里，首先要考虑的是要"保持冷静"。

空气质量

空气质量指数（AQI）是反映我们所呼吸空气的清洁度的指标，每日均有报告，主要包括地面臭氧层、颗粒污染物、一氧化碳和二氧化硫（U.S. Enviromental Protection Agency，2009）。任何进行户外活动的人，尤其是儿童、那些患有"心脏病或肺病（包括心力衰竭和冠心病，或哮喘和慢性阻塞性肺疾病）的人，以及未确诊可能患有心肺疾病的老年人"（pp.7-8），其健康风险随着空气质量指数的上升而增加。当空气质量指数升高时，每个人都需要采取防护措施，禁止长时间暴露在户外，尤其是在户外进行剧烈运动。此外，重要的是，还要考虑与侧流烟相关的室内空气质量问题。

我们可以将嗅觉作为一种压力管理工具。香熏疗法是替代医学的一种形式，人们吸入精油分子，这种分子刺激鼻腔受体，并与大脑中储存情绪和记忆区域里的杏仁体和海马体进行信息传导。一般来讲，香熏疗法的好处是可以减轻疼痛、改善情绪，进而增加放松感（University of Maryland Medical Center，2011）。例如，薰衣草像镇静剂一样有刺激杏仁体脑细胞的作用。

将嗅觉用于压力管理的另一种方法是把香熏精油喷洒在廉价的塑料风扇叶片上。鼻孔靠近转动的风扇可以产生一种使人放松和镇静的效果。也可以用嵌入精油的质量较好的蜡烛。购买由大豆或蜂蜡做成的蜡烛，而不要用以石油为原料做的蜡烛，后者在燃烧时会散发出有害的气体。精油和带有自然香味的物品（比如松针、干的迷迭香叶子）是最好的压力管理用品。人们可以在保健品店和工艺品店里买到这些东西。但注意不要直接把精油涂抹在皮肤上，因为这可能会造成过敏反应。

建议使用的精油及其用途

- 镇静：薰衣草精油、香草精油、檀香精油
- 唤醒：薄荷精油、迷迭香精油、柠檬或橘皮精油
- 舒缓：生姜精油、松针精油

使用香熏疗法进行压力管理

在这个活动中，你要做一些用于香熏疗法的小香袋。

开始

制作香袋前，你需要准备一些棉球，精油或者干薰衣草或松针等物品，4英寸×4英寸（10厘米×10厘米）见方的棉布，以及系袋子用的纱线。

提示

1. 将其中一种香精的精油滴在几个棉球上，然后将这几个有香味的棉球（或一大汤勺的干物品）放在正方形的棉布中间。
2. 把布的4个角向中间聚拢，然后用一根丝带或纱线把它们紧紧地扎起来。
3. 使用香袋减压时，要进入专注的状态。需要坐好，将香袋靠近你的鼻子，然后进行呼吸、冥想或创造性想象活动。

棉球跟精油可以反复使用，并储存在单独的塑料袋里，以保持其芳香。

结束

回想一下各种气味对你心情的影响。在不同的情境中你会使用哪种气味？有些学生带着迷迭香香袋去考试，并在考试前几分钟用香袋练习放松式呼吸。许多人报告，这使他们在考试期间感觉更加专注和警觉。

颜　色

循证研究的结果（Azeemi & Raza，2005）表明，环境、衣服甚至食物的颜色都可能对我们的健康产生深刻的影响。暖色可以激发我们的活力，改善抑郁症状；冷色可以唤起镇定和放松。根据这些作者的研究，"色彩疗法是一种使用可见光谱（颜色）的电磁辐射来治疗疾病的方法"（p.481）。

@ 网络链接

香熏疗法

- 马里兰大学医学中心：该网站提供有关香熏疗法有益于健康的信息。www.umm.edu/altmed/articles/aromatherapy-00347.htm#ixzz27VK7WhP5
- 国家整体香熏疗法协会：这个公益组织致力于面向公众进行有关香熏疗法益处的教育。www.naha.org/naha.htm

颜色测试

Max Lüscher研发了Lüscher颜色诊断。自1947年以来，这项技术已经在临床中广泛使用。下面列出了两个网站，你可以在此技术的基础上使用这两个网站进行颜色测试：

- 颜色测试：www.colourtest.ue-foundation.org
- 颜色和个性测试：www.viewzone.com/luscher.html

工效学

根据美国劳工部安全和健康管理办公室（U.S. Department of Labor, Office of Safety and Health Administration, n.d.）的报告，工效学是一门寻求最有效的工作环境，以鼓励高生产力，减少伤害和疾病，提高满意度的科学。我们许多人并没有尽自己最大的努力使我们的工作环境达到最佳，或减少干扰和混乱。试想，当你的工作或学习环境杂乱无章，以至于你无法找到一条重要的信息时，你浪费了多少时间，你又会感到有多么沮丧。

噪声

噪声污染是指任何讨厌的或令人不安的声音（U.S. Environmental Protection Agency, n.d.）。根据美国环境保护部（EPA）的报告，噪声污染与"压力相关疾病、高血压、语言干扰、听力损失、睡眠中断，以及丧失生产力等"有直接的关系。此外，听力损失也被称为噪声性听力减退（NIHL），是噪声污染对健康最常见的影响。下面是一些减少噪声污染不良影响的小建议：

- 在音乐会或在使用割草机和链条锯这样的设备时，周围会有很大的噪声。这时我们要使用耳塞或耳罩。
- 想想你的汽车爆胎、屋里的音响设备以及你的汽车报警器是如何制造噪声的。
- 将你个人的音响设备音量关小。
- 考虑使用"白噪声"，一种平静的背景声音（如风扇的声音），来淹没烦人的噪声。
- 练习让自己安静下来。关掉手机、收音机和电视，只享受寂静。

声音

虽然噪声会导致压力，但是我们也可以将声音作为一种压力管理工具。听音乐是大学生应对压力最好的方法之一。从一首轻松的乐曲中发出的振动声波，可以带给我们一种和谐的体验。鉴于我们身体里有70%是水，那么，声音振动可以影响我们的神经系统、组织和细胞就不足为奇了。振动释放的内啡肽会使我们感觉更好。音乐还会使我们易于接受新思想，并帮助我们使用具有创造性的右脑。

以下是用声音进行减压治疗的各种方法：

- 直接倾听或在录音机上倾听自然的声音（例如下雨声、鸟鸣声和鲸鱼的叫声等各种动物的声音）。
- 倾听击鼓或喜马拉雅颂钵的声音。
- 倾听乐器发出的声音（例如纯音乐）。
- 演奏音乐（例如击鼓、弹吉他、唱歌）。

> @ **网络链接**
>
> **工效学**
> 弗吉尼亚理工大学库克咨询中心：这个网站提供了一个小测验，来帮助你评价所处的学习环境，以提高你的学习效率。www.ucc.vt.edu/stdysk/studydis.html
>
> **噪声污染**
> 噪声污染信息交流所：这家公益组织发起了一场"无噪声运动"，以提高人们对噪声污染的意识。www.nonoise.org
>
> **治愈之声**
> Jonathan Goldman 的治愈之声：该网站提供免费的 MP3 音频下载，以平衡身体。www.healingsounds.com

运用声音疗法就是挑选一些音乐来听，这就像你呼吸或者外面下雨或喷泉冒泡那么简单。音乐可以是平静的、声乐的或者是古典的（没有歌词）。关键是要去倾听，不要有评判或情感上的纠缠，只听声音。当你继续放松时，用肯定的话语让自己保持倾听，比如"音乐使我放松"。

用音乐或声音来放松

这个活动将音乐和声音作为一种压力管理工具。

开始

采取放松的姿势或专注的坐姿。

提示

1. 引导者会播放各种各样的音乐或声音来缓解压力。你可能想建议一些曲目。应该选择无歌词的、缓慢而有节奏感的纯音乐。
2. 每首乐曲结束后，写下自己对乐曲的感受。
3. 如果你感觉乐曲能释放你的压力，请在播放后举手。

结束

考虑与班里其他同学一起分享你的播放曲目。你也可以在 Spotify 这样的共享网站上提供曲单。

自然环境

在忙碌的生活中，我们经常会失去与大自然的接触。我们可能会一整天或在更长的时间里无法体验到大自然的治愈作用。其中一种解决方法是：将大自然的元素带入室内（例如绿植、鲜花或喷泉）。下面是一些接触自然的其他方法：

- 在户外学习或吃午餐。
- 把桌子或椅子摆好，这样你就能看到户外的景色了。
- 悬挂艺术品，这件艺术品能体现你所喜爱的大自然。
- 聆听你最喜欢的来自大自然界的声音，比如潺潺的溪流声或啁啾的鸟鸣声。
- 挂一个小鸟喂食器，这样你就能看见小鸟了。
- 种植一个花园。

沙盘

在东方，人们做图案的沙盘是用来放松或集中冥想的。下面是做一块沙盘所需要的物料：

- 一个带边的托盘，比如铝制的馅饼盘或一个小的浅塑料托盘。
- 干净的沙子（可以在工艺品店或一元店购买各种颜色的沙子）。在盘内铺0.5～1英寸（1.3～2.5厘米）厚的沙子。
- 准备一个能在沙子上做图案的耙子。塑料叉子或回收的叉子会很好用。
- 把妙趣横生的鹅卵石、大点的石头、小饰品或其他小物件摆放在沙子上。

迷宫

作为行走道路的迷宫具有古老的象征意义，它是生命旅程的隐喻。迷宫的起点和终点是同一个点。这条路由许多弯道组成，在一个中心点结束，然后人们转身，沿着这条路重新走回到起点。诗人T. S. Eliot描述了迷宫的含义："我们所有的探索终将回到开始的地方，而这里也是我们第一次了解的地方。"

有时候我们会将迷宫与迷津相混淆。迷津是要去解决的

迷宫是生命旅程的象征，当你沿着它们的路径前进时，可以激发你的创造力。

问题，而走迷宫是一种鼓励用右脑进行创造、放松和想象等活动的方法。越来越多的学校、医院和保健中心都在其环境中设置了迷宫。一般来说，迷宫都在户外，建在自然环境里，但是有些则建在室内（要获取更多的信息并找到世界上的迷宫，请参阅"网络链接"的内容）。

创建一个特别的场所

在这个创造性想象活动中，你要想象户外的那种舒缓的气氛。

开始

采取放松的姿势。

提示

1. 进入安静、放松的深呼吸状态。闭上双眼。

2. 想象你上了一辆汽车或其他的交通工具，离开家或学校，然后沿着高速公路行驶，驶入一条安静的乡村小路，来到了一处特别的地方。注意高速公路上小汽车和卡车的嘈杂声是如何变成了乡间宁静的鸟鸣声和轮胎碾轧在乡村小道上的碎石声。

3. 当你到达令你放松的地方时，你发现了一条步行的小路。走在这条小路上，每走一步都会让你变得平静和放松。享受在户外空间的这种宁静的独处。努力让你的内心平静下来，并寻找内心深处的平和。

4. 当你继续行走在这条小路上时，开始体验那种水流过岩石的安静、平和的声音。当你遇见一道瀑布时，水声变得越来越大。你看见一道彩虹般的光在瀑布的水滴中闪烁。瀑布泻入一个水池。水池里有一块又大又平的岩石。

5. 走上这块平坦的岩石，坐下。当你的呼吸变得越来越放松时，想象你跟这块岩石融为了一体。当你安静地坐在这块岩石上时，留意飘过的树叶和小树枝。这些树叶和树枝代表着你生活中正在发生的、你所关心的事情。看着这些担忧随波漂走。

@ 网络链接

自然环境

积极的展望：这个脸书页面包含许多名言和大自然的图片。www.facebook.com/positiveoutlooks?sk=wall#!/positiveoutlooks

迷宫

- 全球迷宫定位器：使用这个网站去寻找世界各地的迷宫。http://labyrinthlocator.com
- 迷宫社会：该组织为创建、维护和使用迷宫的人们提供支持。http://labyrinthsociety.org
- 迷宫信息：www.lessons4living.com/labyrinth.htm

6. 注意此刻你身心的感受。当你继续安静地坐着时，想想你心中曾经有过的那些目标和梦想。拿出你的勇气和内心的力量，想象自己实现了这些初始目标和梦想。

7. 做一些提神的呼吸，站起来，走下岩石，沿着步行小路往回走，回到你的车里和家中。

结束

花些时间肯定你这一天的积极做法，欣赏自己能够运用创造力和想象力来放松，并且集中精力思考你内心真正的目标和梦想。

大自然的色彩

这项活动通过使用大自然的平静画面及其颜色帮助你放松。

开始

采取放松的姿势。

提示

1. 想象一下，在一个清丽、凉爽、阳光明媚的秋日，你走在一条天然小径上。黄色、橙色、红色的叶子展现了一副灿烂的落叶缤纷的景象。你来到了一片空旷地带，周围铺满了各色的落叶。你舒适地坐在有各种美丽的颜色、纹理和形状的树叶中间。想象自己就是这棵树上的一片树叶，全身涂满了黄色。此时，这片黄色的叶子飘落下来，慢慢地落在地上，舒服地躺在一大堆五颜六色的叶子里。

2. 做一次放松的深呼吸。想象自己是树上的一片叶子，全身涂满了红色。此时，这片红色的叶子慢慢地飘落到地上，舒服地躺在一大堆叶子里。

3. 做一次放松的深呼吸。想象自己是树上的一片叶子，全身涂满了橙色。此时，这片橙色的叶子悠闲地滑落到地上，舒服地躺在一大堆叶子里。做一次放松的深呼吸，享受并感激大自然的美丽。

结束

做几次放松的深呼吸，同时让你的全身保持安静。

环境改造

在对你所处的环境中可能导致应激反应的各种元素（例如温度、空气质量、光线、色彩、声音、杂物）进行评估之后，选择一个个人空间来专注于此活动。

开始

准备的一本日记。

提示

1. 查看你选择的这个个人空间的每个角落。考虑一下颜色、气味、光线、电子设备、杂物、声音、工效学、空气质量和温度会如何影响这个空间。

2.你将如何改变环境中的这些条件（例如，更好的照明，把笔记本电脑放在另一间屋子里，买一些蜡烛，把房间粉刷成柔和的颜色，把纸张装入文件夹，买一台电扇）。看看你能做些什么改变来减少环境带给你的紧张感，从而更有利于对它的使用，比如用于睡觉或学习。

结束

回想一下你所做的那些改变。许多学生发现，一些细小的改变可以使他们的环境发生很大的变化。

总　　结

有时，我们对环境压力如此习惯或麻木，以至于都没有考虑到它们对我们健康的影响。本章中，我们回过头来真正看到了科技、光线、温度、空气质量、颜色、工效学、声音和自然环境是如何造成压力和影响我们健康的。

我们还要思考自己的选择是如何影响环境，进而影响他人的健康和压力的（例如，频繁开私家车去办事，而不是一次办几件事，或拼车，甚至步行）。维护环境健康的方法之一就是减少污染、再利用和循环利用。认真思考一下自己的哪些行为对地球环境有害，以及怎样才能使你的购物更加环保和可持续（例如，购买包装较少的产品，重复使用塑料袋，或回收电池）。你可以捐赠自己不再使用的物品，而不是把它们扔进垃圾桶。许多地方的慈善机构也会感谢你的捐赠。在校园里，提倡回收利用，树立一个使用这些回收物的榜样。环境健康的另一方面是考虑他人的健康和快乐——大家是否有一个包容、尊重和安全的环境？如果情况不是这样，请通过投票、签署请愿书或发起宣传活动来表明态度。

@ 网络链接

和平的环境

- M.K.Gandhi 非暴力机构：该组织的使命是"帮助个人和社区发展内在的资源和必要的技能，以实现一个非暴力、可持续的公正世界"。www.gandhiinstitute.org
- 自然资源保护协会：这个组织是美国最重要的环境保护行动团体。www.nrdc.org/about
- 少数族裔卫生办公室：这个美国的政府机构关注少数族裔群体的健康问题。一些环境方面的问题，如城市环境污染，会对某些少数族裔群体产生不利影响（例如非裔美国人的哮喘）。http：//minorityhealth.hhs.gov

思考一下，你所在的社区是如何倡导增进社区居民健康的。注意健康的不平等性，即注意那些不能平等地获取健康信息和接受服务的社区成员。

在本书中，我们对健康的各方面——身体、情绪、智力、社会和灵性进行了广泛的探讨。所有这些都在我们的环境中发挥作用，当环境不利于使用压力管理方法，或本身就是一个压力源时，压力管理就很难进行（例如高温或重度污染让我们不能进行户外运动，或者城市噪声使我们无法入睡）。你愿意采取什么措施来改变环境，使自己变成一个更健康、更幸福的人呢？

后　　记

祝贺你可以花时间通过阅读来了解压力和压力管理。本书提供了大量的科学证据，显示了压力管理在保持生活各维度平衡方面的重要性，包括：身体健康、情绪健康、智力健康、社会健康、灵性健康和环境健康。因为压力会对你生活的各方面产生影响，所以，我希望你继续了解压力和学习压力管理方法，并且能终身进行压力管理练习。"练习"这个词很重要，因为只有不断重复这些方法，才能真正地改变你的生活。我希望以一种简单易懂的方式来介绍这些方法。但是，你必须保证坚持不懈地练习——而不是在压力变得难以承受和无法控制时才偶尔练习一下。附录里的"焦虑日志"可以帮助你。在你处理压力和焦虑时，它可以提示你运用本书所讨论的不同的压力管理方法。将压力管理作为一个终身目标是我们所有人的责任。当我们进行自我保健时，其他人也可能会受到鼓舞而这样做。做好准备，我们每个人都要认识到压力管理对健康和幸福的重要性，并成为促进健康和提升幸福感的压力管理达人！

保重。

Nanette Tummers

焦虑日志

使用日志来处理那些令人焦虑不安的时刻可以帮助你明确焦虑的来源，进而找到应对它们的方法。

开始

找一个安静的地方。做几次集中精力的深呼吸。花几分钟时间思考一下焦虑、恐惧和担心此刻在你生活中扮演的角色，然后评估一下自己对压力事件的反应。思考这些消极事件是如何影响你的整体健康的。

提示

1. 在日志的第一行描述导致焦虑的情境。

2. 在接下来的每一行里，简单记录一下这些事件从整体上影响你的方式，以及你是如何使用各种以情绪为本的压力管理方法来应对这种情况的。

焦虑日志
在日志的第一行描述导致焦虑的情境。在接下来的每一行里，简单记录你可以使用的各种压力管理方法。
导致焦虑的情境
停止思考
重新组织
积极的自我对话
呼吸方式
社会支持
环境管理
放松方式

From N. Tummers, 2013, *Stress Management: A Wellness Approach* (Champaign, IL: Human Kinetics).

在附录中可以找到焦虑日志。

结束

你可能采取哪些具体措施来接受并积极应对这些不良事件？请记住内控点的概念。

当你在身体、情绪或智力上感到焦虑时，制定一个有行动步骤的目标，使用一种或多种压力管理方法。你可以使用"我将要＿＿＿＿＿＿＿＿＿＿＿＿"的句式，做好计划。

附 录

工作表

第1章
千里之行始于足下 176

第2章
身体活动日志 177
睡眠日志 178

第5章
我生活中的自主性沟通日志 179

后记
焦虑日志 180

千里之行始于足下

了解更多有关压力及压力管理的这个过程,始于你关注压力事件是如何在你身体、情绪和思想上表现出来的。

压力事件	我身体上感觉如何?	我情绪上感觉如何?	与此事件有关的想法

From N. Tummers, 2013, *Stress Management: A Wellness Approach* (Champaign, IL: Human Kinetics).

身体活动日志

日期	身体活动（你都做过什么？）	强度水平： 轻度（0~4） 中度（5~7） 高度（8~10）	时长（分钟）	喜欢程度（0=不喜欢，10=非常喜欢）	支持性因素	困难（阻碍）

睡眠日志

日期	睡眠时间	睡眠质量： 差（0～3）； 适当（4～7）； 精神焕发 （8～10）	睡眠习惯 （如冲个热水 澡，关掉所有 电器）	你入睡的速 度有多快？ 你能否持续 睡眠（如凌 晨3点被短 信吵醒）	睡前4小时 进行的活动 （如体育活 动、辩论）	其他事项

From N. Tummers, 2013, *Stress Management: A Wellness Approach* (Champaign, IL: Human Kinetics).

我生活中的自主性沟通日志

	给予	接受
批评		
承认需要和权利		
表达消极感受		
表达积极感受		
感谢		
接受不同的观点		
提出请求		
全情投入而不分心		
说"不"		
倾听且不打断		

From N. Tummers, 2013, *Stress Management: A Wellness Approach* (Champaign, IL: Human Kinetics).

焦虑日志

日志的第一行描述导致焦虑的情境。在接下来的每一行里，简单记录你可以使用的各种压力管理方法。

导致焦虑的情境	
停止思考	
重新组织	
积极的自我对话	
呼吸方式	
社会支持	
环境管理	
放松方式	

From N. Tummers, 2013, *Stress Management: A Wellness Approach* (Champaign, IL: Human Kinetics).

参考文献和资料

Adams, K., Kohlmeier, M., & Zeisel, S. (2010). Nutrition education in U.S. medical schools: Latest update of a national survey. *Academic Medicine* 85 (9): 1537-1542.

Amen, D. (2008). *Magnificent mind at any age*. New York: Three Rivers Press.

American College Health Association. (2011). National College Health Assessment: Report Spring 2011. www.acha-ncha.org/reports_ACHA-NCHAII.html

American Massage Therapy Association. (n.d.). Position statement proposal on public health initiatives. www.amtamassage.org/uploads/cms/documents/ps12-02_massage_and_public_health.pdf

American Psychological Association. (2012). Stress in America: Our health at risk. www.apa.org/news/press/releases/stress/index.aspx

American Psychological Association. (n.d.a). Depression. www.apa.org/topics/depress/index.aspx

American Psychological Association. (n.d.b). Psychological topics: Anger. www.apa.org/topics/anger/index.aspx

Anderson, C. (2001) Heat and violence. *Current Directions in Psychological Science* 10 (1): 33-38.

Astin, A., Astin, H., & Lindholm, J. (2004). A national study of spirituality in higher education: Students' search for meaning and purpose: Key findings of the first national longitudinal study of undergraduates' spiritual growth. Los Angeles: Higher Education Research Institute Graduate School of Education & Information Studies, University of California at Los Angeles. http://spirituality.ucla.edu/findings/

Azeemi, S., & Raza, M. (2005). A critical analysis of chromotherapy and its scientific evolution. *Evidence Based Complementary and Alternative Medicine* 2 (4): 481-488.

Bandura, A. (1986). *Social foundation of thought and action*. Englewood Cliffs, NJ: Prentice Hall.

Barnes, P.M., Bloom, B., & Nahin, R. (2008). Complementary and alternative medicine use among adults and children: United States, 2007. *National health statistics reports, no. 12*. Hyattsville, MD: National Center for Health Statistics.

Benson, H. (1975, 2000). *The relaxation response*. New York: HarperCollins.

Beresin, E. (2010). The impact of media violence on children and adolescents: Opportunities for clinical interventions. American Academy of Child and Adolescent Psychiatry. www.aacap.org/cs/root/developmentor/the_impact_of_media_violence_on_children_and_adolescents_opportunities_for_clinical_interventions

Berkman, L., & Sym, S. (1979). Social networks, host resistance, and mortality: A nine-year follow-up of Alameda County residents. *American Journal of Epidemiology* 109: 186-204.

Bosma-den Boer, B., van Welten, M., & Priumboom, L. (2012). Chronic inflammatory diseases are stimulated by current lifestyle: How diet, stress levels and medication prevent our bodies from recovering. *Nutrition & Metabolism* 9: 32.

Burns, D. (1999). *The feeling good handbook*. New York: Plume.

Byrd, R. (1988). Positive therapeutic effects of intercessory prayer in a coronary care unit population. *Southern Medical Journal* 81 (7): 826-829.

Carver, C.S. (2006). Sources of Social Support Scale. University of Miami, Department of Psychology. www.psy.miami.edu/faculty/ccarver/sclSSSS.html

Childre, D., Martin, H., & Beech, D. (2000). *The HeartMath solution: The Institute of HeartMath's revolutionary program for engaging the power of the heart's intelligence.* New York: HarperCollins.

Childs, E., O'Connor, S., & de Wit, H. (2011). Bidirectional interactions between acute psychosocial stress and acute intravenous alcohol in healthy men. *Alcoholism: Clinical and Experimental Research* 35: 1794-1803.

Connor, D. (2005). *Undoing perpetual stress.* New York: Berkley Trade/Penguin Books.

Core Institute. (2011, November 1). Core alcohol and drug survey. Executive summary. http://core.siu.edu/pdfs/report09.pdf

Cornell, J. (2006). *Mandala: Luminous symbols for healing.* Wheaton, IL: Quest Books.

Cousins, N. (1979). *Anatomy of an illness as perceived by the patient.* New York: W.W. Norton & Company.

Csikszentmihalyi, M. (1997). *Finding flow: The psychology of engagement with everyday life.* New York: Basic Books.

Dartmouth University Academic Skills Center. (2012). Improving concentration, memory, and motivation. www.dartmouth.edu/~acskills/success/study.html

Davidson, R., Kabat-Zinn, J., Schumacher, J., Rosenkranz, M., Muller, D., Santorelli, S. Urbanowski, F., Harrington, A., Bonus, K., & Sheridan, J. (2003). Alterations in brain and immune function produced by mindfulness meditation. *Psychosomatic Medicine* 65: 564-570.

Dossey, L. (1995). *Healing words: The power of prayer and the practice of medicine.* New York: HarperOne.

Dyer, W. (1976). *Your erroneous zones.* New York: Avon Books.

Eliot, L. (2009, September 8). Girl brain, boy brain? *Scientific American.* www.scientificamerican.com/article.cfm?id=girl-brain-boy-brain

Ellis, A. (2001). *Overcoming destructive beliefs, feelings, and behaviors.* Amherst, NY: Prometheus Books.

Emmons, R. (2011). The Gratitude Questionnaire (GQ-6) document. http://psychology.ucdavis.edu/Labs/emmons/PWT/index.cfm?Section=5

Emmons, R.A., & McCullough, M.E. (2003). Counting blessings versus burdens: Experimental studies of gratitude and subjective well-being in daily life. *Journal of Personality and Social Psychology* 84: 377-389.

Fine, A. (Ed.). (2010). *Handbook on animal-assisted therapy: Theoretical foundations and guidelines for practice* (3rd ed.). Boston: Academic Press.

Finkelstein, J. (2006). Maslow's hierarchy of needs. http://en.wikipedia.org/wiki/Image:Maslow%27s_hierarchy_of_needs.png

Fontana, D. (2005). *Meditating with mandalas.* London: Duncan Baird.

Fredrickson, B. (2009). *Positivity: Groundbreaking research reveals how to embrace the hidden strength of positive emotions, overcome negativity and thrive.* New York: Crown.

Gardner, H. (1983). *Frames of mind: The theory of multiple intelligences.* New York: Basic Books.

George, L., Larsons, D., Koeing, H., & McCullough, M. (2009). Spirituality and health: What we know, what we need to know. *Journal of Social and Clinical Psychology* 19 (1): 102-116.

Gershon, M. (1998). *The second brain.* New York: HarperCollins.

Gilmour, J., & Williams, L. (2012). Type D personality is associated with maladaptive health-related behaviours. *Journal of Health Psychology* 17 (4): 471-478.

Gladwell, M. (2008). *Outliers: The story of success.* New York: Little, Brown.

Goleman, D. (2000). *Working with emotional intelligence.* New York: Bantam Books.

Goleman, D. (2011). New insights on emotional intelligence. [Podcast]. http://podcast.mwmclaughlin.com/podcasts/daniel-goleman

Grassi, A., Gaggioli, A., & Riva, G. (2009). The green valley: The use of mobile narratives for reducing stress in commuters. *CyberPsychology & Behavior* 12 (2): 155-161.

Greenberg, J. (2008). *Comprehensive stress management* (10th ed.). Boston: McGraw-Hill Higher Ed.

Harvard University Newsletter. (2012, May). Blue light has a dark side. www.health.harvard.edu/newsletters/Harvard_Health_Letter/2012/May/blue-light-has-a-dark-side

Hawks, S., Hull, M., Thalman, R., & Richins, P. (1995). Review of spiritual health: Definition, role, and intervention strategies in health promotion. *American Journal of Health Promotion* 9 (5): 371-378.

Heschong Mahone Group. (1999). Daylighting in schools. http://centerforgreenschools.org/docs/heschong-mahone-daylighting-study.pdf

Hölzel, B.K., Carmody, J., Vangel, M., Congleton, C., Yerramsetti, S.M., Gard, T., & Lazar, S.W. (2011). Mindfulness practice leads to increases in regional brain gray matter density. *Psychiatry Research: Neuroimaging* 191 (1): 36-43.

Institute of Medicine Panel on Dietary Reference Intakes for Electrolytes and Water, Standing Committee on the Scientific Evaluation of Dietary Reference Intakes. (2005). *Dietary reference intakes for water, potassium, sodium, chloride, and sulfate*. Washington, DC: The National Academies Press.

International Forgiveness Institute. (n.d.). Summary of Dr. Enright research. www.internationalforgiveness.com/data/uploaded/files/ExamplesOfExperimentalStudies.pdf

Jacobsen, E. (1978). *You must relax: Practical methods for reducing the tensions of modern living* (5th ed.). New York: McGraw-Hill.

Jahnke, R., Larkey, L., Rogers, C., Etnier, J., & Lin, F. (2010). A comprehensive review of health benefits of qigong and tai chi. *American Journal of Health Promotion* 24 (6): e1-e25.

Jobs, S. (2009, September 19). Steve Jobs explains the rules of success. www.youtube.com/watch?v=KuNQgln6TL0&feature=related

Kabat-Zinn, J. (2009, July 31-August 2). Proceedings of the Mindfulness and Education Retreat: Bringing mindfulness practice to children grades K-12. Rhinebeck, NY: Omega Institute.

Karren, K., Smith, N., Hafen, B., & Jenkins, K. (2010). *Mind/body health: The effects of attitudes, emotions, and relationships* (4th ed.). San Francisco: Pearson Benjamin Cummings.

Katz, D., Doughty, K., & Ali, A. (2011). Cocoa and chocolate in human health and disease. *Antioxidants & Redox Signaling* 15 (10): 2779-2781. www.ncbi.nlm.nih.gov/pubmed/21470061

Kobasa, S.C. (1979). Stressful life events, personality and health: An inquiry into hardiness. *Journal of Personality and Social Psychology* 37: 1-11.

Kocalevent, R., Levenstein, S., Fliege, H., Schmid, G., Hinz, A., Brähler, E., & Klapp, B.F. (2007). Contribution to the construct validity of the Perceived Stress Questionnaire from a population-based survey. *Journal of Psychosomatic Research* 63 (1): 71-81.

Kohls, K., Sauer, S., Offenbächer, M., & Giordano, J. (2011). Spirituality: An overlooked predictor of placebo effects? *Philosophical Transactions of the Royal Society B: Biological Sciences* 366 (1572): 1838-1848. doi: 10.1098/rstb.2010.0389

Kornfield, J. (2008). *Meditation for beginners*. Boulder, CO: Sounds True.

Lane, J. (2011). Caffeine, glucose metabolism, and type-2 diabetes. *Journal of Caffeine Research* 1 (1): 23-28.

Lane, J., Pieper, C., Phllips-Bute, B., Bryant, J., & Kuhn, C. (2002). Caffeine affects cardiovascular and neuroendocrine activation at work and home. *Psychosomatic Medicine* 64: 595-603.

Lazar, S., Kerr, C., Wasserman, R., Gray, J., Greve, D., Treadway, M., McGarvey, M., Quinn, B., Dusek, J., Benson, H., Rauch, S., Moore, C., & Fischl, B. (2005). Meditation experience is associated with increased cortical thickness. *Neuroreport* 16 (17): 1893-1897.

Linde, K., Allais, G., Brinkhaus, B., Manheimer, E., Vickers, A., & White, A.R. (2009). Acupuncture for tension-type headache. *Cochrane Database of Systematic Reviews* (1): CD00758.

Luks, A. (1988). Helper's high: Volunteering makes people feel good, physically and emotionally. *Psychology Today* 22 (10): 34-42.

Luskin, F. (2003). *Forgive for good*. New York: HarperOne.

Luskin, F.M., Ginzburg, K., & Thoresen, C.E. (2005). The effect of forgiveness training on psychosocial factors in college age adults. *Humboldt Journal of Social Relations. Special Issue: Altruism, Intergroup Apology and Forgiveness: Antidote for a Divided World* 29 (2): 163-184.

Lutz, A., Brefczynski-Lewis, J., Johnstone, T., & Davidson, R.J. (2008). Regulation of the neural circuitry of emotion by compassion meditation: Effects of meditative expertise. *PLoS ONE* 3 (3): e1897.

Lyubomirsky, S. (2007). *The how of happiness: A scientific approach to getting the life you want*. New York: Penguin Press.

Lyubomirsky, S., King, L., & Diener, E. (2005). The benefits of frequent positive affect: Does happiness lead to success? *Psychological Bulletin* 131 (6): 803-855.

Maslow, A. (1997). *Motivation and personality* (3rd ed.). New York: HarperCollins College.

Maslow, A. (2011). *Toward a psychology of being* (3rd ed.). Radford, VA: Wilder.

Matud, M.P. (2004). Gender differences in stress and coping styles. *Personality and Individual Differences* 37 (7): 1401-1415.

McEwen, B. (2005). Stressed or stressed out: What is the difference? *Journal of Psychiatry & Neuroscience* 30 (5): 315.

McEwen, B., & Lasley, E. (2002). *The end of stress as we know it*. Washington, DC: National Academies Press.

Medical Dictionary. (n.d.a). Caffeine. http://medical-dictionary.thefreedictionary.com/caffeine

Medical Dictionary. (n.d.b). White refined sugar. http://medical-dictionary.thefreedictionary.com/White+refined+sugar

Miller, M. (2005, November). What is type D personality? *Harvard Medical Health Letter*: 8.

Morris, T., Moore, M., & Morris, F. (2011). Stress and chronic illness: The case of diabetes. *Journal of Adult Development* 18: 70-80.

Nahin, R.L., Barnes, P.M., Stussman, B.J., & Bloom, B. (2009). Costs of complementary and alternative medicine (CAM) and frequency of visits to CAM practitioners: United States, 2007. *National health statistics reports, no. 18*. Hyattsville, MD: National Center for Health Statistics.

National Center for Complementary and Alternative Medicine. (2007). *The use of complementary and alternative medicine in the United States*. http://nccam.nih.gov/news/camstats/2007/camsurvey_fs1.htm

National Center for Complementary and Alternative Medicine. (2009). Ayurvedic medicine: An introduction. National Institute of Health. http://nccam.nih.gov/health/ayurveda/introduction.htm

National Center for Complementary and Alternative Medicine. (2011). *Downloadable graphics on CAM costs in the United States*. http://nccam.nih.gov/news/camstats/costs/graphics.htm

National Institute of General Medical Sciences. (n.d.). Circadian rhythms fact sheet. National Institute of Health. www.nigms.nih.gov/Education/Factsheet_CircadianRhythms.htm

National Institute of Neurological Disorders and Stroke. (2012). Headache: Hope through research. www.ninds.nih.gov/disorders/headache/detail_headache.htm

National Sleep Foundation. (2011). Sleep in America poll: 2011 report: Communications technology and sleep. Washington, DC: The Foundation.

National Sleep Foundation. (n.d.). Sleep topics. www.sleepfoundation.org/articles/sleep-topics?page=1

Nichter, M., Nichter, M., & Carkoglu, A. (2007). Reconsidering stress and smoking: A qualitative study among college students. *Tobacco Control* 16: 211-214.

Nidich, S.I., Rainforth, M.V., Haaga, D.A.F., et al. (2009, December). A randomized controlled trial on the effects of the Transcendental Meditation program on blood pressure, psychological distress, and coping in young adults. *American Journal of Hypertension* 22 (12): 1326-1333.

O'Connor, R. (2005). *Undoing perpetual stress. The missing connection between depression, anxiety and 21st century illness*. New York: Berkley Books, pp. 195-199.

Pelletier, K., & Herzing, D. (1988). Psychoneuroimmunology: Toward a mind-body model. *Advances* 5 (1): 27-56.

Pet Partners. (n.d.). Animal-assisted activities. www.petpartners.org/page.aspx?pid=319

Pink, D. (2011). *Drive: The surprising truth about what motivates us*. New York: Riverhead Books.

Reivich, K., & Shatte, A. (2002). *The resilience factor: 7 keys to finding inner strength and overcoming life's hurdles*. New York: Broadway Books.

Rose Park Labyrinth Medical Center of Central Georgia. (n.d.). 3 minutes chakra test. www.lessons4living.com/rose_park.htm

Rossman, M. (2010). *The worry solution*. New York: Crown Archetype.

Rubin, G. (2009). *The happiness project*. New York: HarperCollins.

Salmon, P. (2001). Effects of physical exercise on anxiety, depression, and sensitivity to stress: A unifying theory. *Clinical Psychology Review* 21 (1): 33-61.

Saltzman, A. (n.d.). Mindfulness-based stress reduction for school-age children. www.stillquietplace.com/wp-content/uploads/2010/11/Saltzman-Grecco2.pdf

Sapolsky, R. (2004). *Why zebras don't get ulcers*. New York: Holt Paperbacks.

Seligman, M. (2011). *Flourish: A visionary new understanding of happiness and well-being*. New York: Free Press.

Seligman, M., Reivich, K., Jaycox, L., & Gillham, J. (2007). *The optimistic child: A proven program to safeguard children against depression and build lifelong resilience*. New York: Houghton Mifflin.

Selye, H. (1970). The evolution of the stress concept: Stress and cardiovascular disease. *The American Journal of Cardiology* 26 (3): 289-299.

Sime, W. (2007). Exercise therapy as stress management. In Lehrer, P., Woolfolk, R., & Sime, W. (Eds.), *Principles and practice of stress management* (3rd ed., pp. 333-359). New York: The Guilford Press.

Snodgrass, S. (1986, August 22-26). *The effects of walking behavior on mood*. Paper presented at the Annual Convention of the American Psychological Association, Washington, DC.

Southwick, S., Vythilingam, M., & Charney, D. (2005). The psychobiology of depression and resilience to stress: Implications for prevention and treatment. *Annual Review of Clinical Psychology* 1: 255-291.

Tao Te Ching. (n.d.). The tao of stress. www.centertao.org/forum/discussion/569/the-tao-of-stress/

Taylor, S., Klein, L., Lewis, B., Gruenewald, T., Gurung, R., & Updegraff, J. (2000). Bio behavioral response to stress in females: Tend-and-befriend, not flight-or-flight. *Psychological Review* 107: 411-429.

Thich Nhat Hahn. (1999). *The miracle of mindfulness. An introduction to the practice of meditation*. Boston: Beacon Press.

Tiffany, S., Agnew, C., Maylath, N., Dierker, L., Flaherty, B., Richardson, E., Balster, R., Segress, M., Clayton, R., & the Tobacco Etiology Research Network (TERN). (2007). Smoking in college freshmen: University project of the Tobacco Etiology Research Network (UpTERN). *Nicotine & Tobacco Research* 9 (Suppl 4): S611-S625.

Touch Research Institute. (n.d.). Research at TRI. Touch Research Institute, University of Miami, Miller School of Medicine, Miami, Florida. www6.miami.edu/touch-research/Research.html

University of Maryland Medical Center. (2011). Aromatherapy. www.umm.edu/altmed/articles/aromatherapy-000347.htm

U.S. Centers for Disease Control and Prevention. (2011a). Alcohol use and health. www.cdc.gov/alcohol/fact-sheets/alcohol-use.htm

U.S. Centers for Disease Control and Prevention. (2011b). Nutrition for everyone: Protein. www.cdc.gov/nutrition/everyone/basics/protein.html#How much protein

U.S. Centers for Disease Control and Prevention. (2012). Binge drinking: Nationwide problem, local solutions. www.cdc.gov/vitalsigns/BingeDrinking/index.html

U.S. Department of Agriculture. (n.d.). Protein foods gallery. www.choosemyplate.gov/foodgroups/food_library/proteinfoods/almonds.html

U.S. Department of Labor, Office of Safety and Health Administration. (n.d.). Ergonomics. www.osha.gov/SLTC/ergonomics

U.S. Environmental Protection Agency. (2009). Air quality index: A guide to air quality and your health. www.epa.gov/airnow/aqi_brochure_08-09.pdf

U.S. Environmental Protective Agency. (n.d.). Noise pollution. www.epa.gov/air/noise.html

U.S. Navy. (n.d.). Fitness, sports and deployed forces support: Hydrate. www.navyfitness.org/nutrition/noffs_fueling_series/hydrate

Wardle, J., Chida, Y., Gibson, E.L., Whitaker, K.L., & Steptoe, A. (2011). Stress and adiposity: A meta-analysis of longitudinal studies. *Obesity* 19: 771-778.

Winner, J. (2008). *Take the stress out of your life*. Philadelphia: Da Capo Press, p. 24.

World Health Organization. (2012). Health topics: Depression. www.who.int/topics/depression/en

World Health Organization. (n.d.). Global Health Observatory: Risk factors. www.who.int/gho/ncd/risk_factors/en/index.html

Yale School of Medicine. (n.d.). Winter depression research clinic. http://psychiatry.yale.edu/research/programs/clinical_people/winter.aspx

Yamada, K. (2009). *How many people does it take to make a difference?* Seattle: Compendium.

Yerkes, R.M., & Dodson, J.D. (1908). The relation of strength of stimulus to rapidity of habit-formation. *Journal of Comparative Neurology and Psychology* 18: 459-482.

Yusuf, S., Hawken, S., Ounpuu, S., Dans, T., Avezum, A., et al. (2004). Effect of potentially modifiable risk factors associated with myocardial infarction in 52 countries (the INTERHEART study): Case-control study. *Lancet* 364: 937-952.

关于原著作者

Nanette E. Tummers，教育学博士，东康涅狄格州立大学健康和体育教育学教授。作为一名有执业资格的整体压力管理讲师，自 2005 年以来，Tummers 不仅在大学开设并讲授压力管理的线下和在线课程，她还给其他高危人群，包括癌症患者和运动员讲授压力管理课程。

Tummers 也为从事学前教育至高中教育（K-12）的教育工作者开展学生压力管理活动提供培训，并为此开发了压力管理辅助教材。她还一直积极从事积极心理学、同伴指导和压力管理方面的研究工作，并在美国 AAHPERD 会议上就这些主题发表演讲。Tummers 是 Human Kinetics 出版社出版的《终身瑜伽教学》(*Teaching Yoga for Life*，2009) 和《压力管理教学》(*Teaching Stress Management*，2011) 的作者。

闲暇时，她喜欢徒步旅行和做义工。